中国热带农业科学院
中国热带作物学会 组织编写

中非热带农业科技合作研究与实践

◎刘　奎　游　雯　刘国道　等　编著

中国农业科学技术出版社

图书在版编目（CIP）数据

中非热带农业科技合作研究与实践 / 刘奎等编著 . -- 北京：中国农业科学技术出版社，2022.6

ISBN 978-7-5116-5786-2

Ⅰ. ①中… Ⅱ. ①刘… Ⅲ. ①热带－农业技术－科学技术合作－国际合作－研究－中国、非洲 Ⅳ. ① S-12 ② S-14

中国版本图书馆 CIP 数据核字（2022）第 099446 号

责任编辑 徐定娜
责任校对 李向荣
责任印制 姜义伟 王思文

出 版 者 中国农业科学技术出版社
北京市中关村南大街 12 号 邮编：100081
电 话 （010）82105169（编辑室）（010）82109702（发行部）
（010）82109709（读者服务部）
传 真 （010）82106650
网 址 https://castp.caas.cn
经 销 者 各地新华书店
印 刷 者 北京建宏印刷有限公司
开 本 185 mm × 260 mm 1/16
印 张 9.25
字 数 176 千字
版 次 2022 年 6 月第 1 版 2022 年 6 月第 1 次印刷
定 价 68.00 元

《中非热带农业科技合作研究与实践》
编著人员

主　　编：刘　奎　游　雯　刘国道

副 主 编：王金辉　张　雪　吴文莉

王　英　张　震

序

非洲是发展中国家最集中的大陆，其东部、北部地区农业资源丰富，具有广阔的未开发土地和丰富的可利用水资源，可耕地面积 1.091 亿公顷。同时，非洲的生态环境条件复杂，适合多样性农业生产，农业生产潜力巨大。但非洲农业生产技术和管理技术十分落后，饥饿和贫困等粮食安全问题仍是非洲国家面临的主要问题。

大部分非洲国家地处热带区域，热带农业是非洲的支柱产业，对保障粮食安全和提高经济效益具有重要意义。热带农业是中非农业合作的特色和优势领域，通过加强技术合作，共同做强做优热带特色高效农业是中非农业合作的共同愿景。随着中非合作论坛机制的建立，中非热带农业科技交流也日益频繁，并不断深入。多年来，中国热带农业科学院与莫桑比克腰果研究院、科特迪瓦国家农业研究中心、尼日利亚油棕研究所等 15 家非洲国家相关农业研发机构建立了紧密的合作关系。在刚果（布）、尼日利亚、莫桑比克等建立了农业试验站，围绕木薯、玉米、香蕉及香辛饮料等作物生产及价值链提升，开展合作研究与技术推广，推动了非洲热带农业科技创新和技术成果的本土化，为提高非洲国家热带农业生产技术水平开展了大量卓有成效的工作。

作者团队以“科研团队转换师资队伍、科研成果转换培训教材、科研基地转换实训基地”模式，构建了“三位一体”的国际热带农业培训中心，中心于2004年被联合国粮食及农业组织认定为“FAO热带农业研究培训参考中心”，2022年被中国外交部、农业农村部授予“中非现代农业技术交流示范和培训联合中心”称号。截至目前，中心已对非洲国家组织培训班54期，培训了40多个非洲国家的学员2 700多名，成为对非洲农业技术培训的典范。

该书采用图文并茂、雅俗共赏的形式，概述了世界主要热带作物的生产和贸易情况，详细地总结了非洲粮食作物、热带水果、香辛饮料作物和工业原料作物的生产和进出口现状，分析了存在的问题，重点从国别合作、援非培训和技术援助等三个方面系统地梳理了热带农业对非合作的实践工作，在此基础上进一步提出了对非热带农业合作的重点方向和路径。该书从热带农业技术合作的角度很好地反映了中非农业合作的巨大成效和广阔前景，是中非农业科技合作实践的重要总结，具有很强的借鉴和指导作用。

我对为中非农业科技合作作出贡献的中国热带农业科学院专家团队深表赞赏和敬意。我相信，该书的出版将有利于进一步密切中非热带农业合作与人文交流，开展更加务实有效的科技合作，为非洲热带农业科技发展和产业提升做出更大的贡献。

非洲科学院副院长
非洲科学院院士

前　言

中国是世界上最大的发展中国家，非洲是发展中国家最集中的大陆，中非早已结成休戚与共的命运共同体。农业是中非合作的优先发展领域，通过互利合作帮助非洲国家把资源优势转化为发展优势、实现农业可持续发展是构建更加紧密“中非命运共同体”的重要支柱。

长期以来，中非农业部门在平等互利基础上开展大量务实合作，在机制建设、贸易投资、人文交流、科技培训等重点领域取得积极进展。目前，中国已与 20 多个非洲国家及非盟签署了农渔业合作文件，建立了多（双）边工作机制，2000—2020 年中非农产品贸易额由 6.5 亿美元增长到 75.9 亿美元；与非洲 23 个国家的农业科研机构进行合作，建成了 23 个农业技术示范中心，每年培训非洲农业官员、技术员等近万人次。

2020 年 6 月，中共中央、国务院印发了《海南自由贸易港建设总体方案》，绘出了建设全球热带农业中心的宏伟蓝图。2021 年 10 月，农业农村部、国家发展和改革委员会、科技部等 13 个部门联合印发了《国家热带农业科学中心建设规划（2021—2035 年）》，提出用 10～15 年把海南打造成世界一流的热带农业科学中心。海南是中国唯一的热带省份，打造国家热带现代农业基地是海南自贸港建设的重要任务，非洲大部分国家地处热带区域，热带农业是其支柱产业，热带农业因此成为中非农业合作的特色和优势领域，做强做优热带特色高效农业是中非农业合作的共同愿景。建设全球热带农业中心和国家热带农业科学中心为中非热带农业合作提供了重大机遇，将为保障非洲粮食安全、促进共同发展发挥重要作用。

科技是第一生产力，热带农业科技是热带农业现代化发展的重要支撑。以中国热带农业科学院为代表的热带农业科研机构与非洲国家相关农业研发机构建立了紧密的合作关系，围绕木薯、橡胶、油棕、腰果、咖啡等重要热带作物的品种选育、栽培和加工技术本土化等开展联合试验示范和培训，为非洲国家开发出一大批适用品种和技术，培养了大批热带农业技术人才，有力地支持了非洲热带农业的发展。

本书阐述了世界热带农业生产概况与地位、非洲国家热作产业发展现状、我国热带农业发展现状与国际合作等内容，通过总结中国热带农业科学院开展的对非洲技术合作与交流，反映我国热带农业对非洲技术合作与援助的成果。因为数值修约原因，个别数值稍有差异，不影响整体研判，特此说明。限于业务和编著水平，难免挂一漏万，敬请广大读者批评指正。

本书得到农业农村部国际合作司“中非现代农业交流示范中心”、中国科学技术协会“全国学会开放合作示范专项”和海南省科学技术协会“海智计划”工作站品牌培育等项目资助，得到有关方面专家的支持和帮助，在此一并表示感谢。

编著者

2021 年 12 月

目　录

第一章
世界热带农业生产概况与地位

世界热带地区是地处南北回归线之间的地带，位于南北纬 23°26′之间，地处赤道两侧，陆地面积 5 361.84 万平方千米，占世界陆地面积的 36%，总人口 25.17 亿人，占世界人口的 33.34%，包括 138 个国家，其中，典型热区国家 94 个、局部热区国家 24 个、非典型热区国家 20 个。热带地区生物多样性丰富，也是世界物产相对丰富的地方。全球适宜种植热带作物的土地面积为 5 亿公顷，占热区陆地面积的 9.3%，占全球土地总面积的 3.83%，主要分布在亚洲、南美洲、非洲和大洋洲赤道附近地区。

世界主要热带作物有天然橡胶、甘蔗、油棕、椰子、木薯、胡椒、槟榔、香荚兰、咖啡、可可、香蕉、芒果、菠萝、番木瓜、油梨、腰果等 20 多种。据联合国粮食及农业组织（FAO，全书同）统计，2013 年，世界热带作物收获面积为 1.38 亿公顷，产量为 28.96 亿吨，多数作物产自亚洲地区，主产国主要是印度、中国、巴基斯坦和东盟十国；其次是美洲地区、非洲地区，主产国主要是巴西、尼日利亚、墨西哥和哥伦比亚；大洋洲仅占了极少份额（张慧坚 等，2018）。

一、世界主要热带作物生产概况

（一）天然橡胶

天然橡胶（图 1-1、图 1-2）主要来源于种植橡胶树，是重要的工业原料和战略资源，在国防军工、航空航天、轨道交通、海洋装备等方面起着不可替代的作用。

图 1-1　中国橡胶园

（中国热科院[①] 橡胶研究所　供图）

① 中国热带农业科学院简称中国热科院、热带作物品种资源研究所简称品资所、热带生物技术研究所简称生物所、椰子研究所简称椰子所、南亚热带作物研究所简称南亚所、环境与植物保护研究所简称环植所、香料饮料研究所简称香饮所，全书同。

图 1-2 科特迪瓦橡胶园
（中国热科院国际合作处 供图）

2019 年，世界天然橡胶的收获面积为 1 233.91 万公顷，总产量为 1 461.66 万吨，平均单产约为 1.18 吨 / 公顷。收获面积排在前三位的国家依次是印度尼西亚、泰国和马来西亚，分别为 368.35 万公顷、327.29 万公顷、108.40 万公顷，分别占世界总收获面积的 29.85%、26.52% 和 8.79%。中国收获面积位列第五位，为 70.71 万公顷，占世界总收获面积的 5.73%。产量以泰国最高，为 484.00 万吨，占世界总产量的 33.11%；其次为印度尼西亚和越南，分别为 344.88 万吨和 118.52 万吨，占世界总产量的 23.59% 和 8.11%。中国产量位列第五位，为 83.99 万吨，占世界总产量的 5.75%。产量前二十位的国家中，单产以危地马拉最高，达到 3.86 吨 / 公顷；其次为墨西哥和印度，分别为 2.94 吨 / 公顷和 2.16 吨 / 公顷。中国单产为 1.19 吨 / 公顷，与世界平均水平相当。详见表 1-1。

表 1-1　主要生产国橡胶产量、收获面积和单产

国家	产量（万吨）	收获面积（万公顷）	单产（吨 / 公顷）
泰国	484.00	327.29	1.48
印度尼西亚	344.88	368.35	0.94
越南	118.52	71.07	1.67
印度	100.14	46.28	2.16
中国	83.99	70.71	1.19
科特迪瓦	66.47	41.27	1.61
马来西亚	63.98	108.40	0.59
菲律宾	43.17	22.94	1.88
危地马拉	35.05	9.09	3.86
缅甸	26.49	33.81	0.78
巴西	21.74	15.88	1.37
柬埔寨	17.47	18.02	0.97
尼日利亚	14.97	35.43	0.42
墨西哥	8.00	2.72	2.94
斯里兰卡	7.48	13.76	0.54
喀麦隆	5.05	6.03	0.84
利比里亚	4.20	5.57	0.75
加纳	3.05	3.55	0.86
加蓬	2.77	1.73	1.60
孟加拉国	2.28	22.69	0.10

数据来源：FAO 数据库，中国数据未包含中国台湾部分，下同。

（二）木　薯

木薯（图 1-3 至图 1-6）是全球约 10 亿人口的主要粮食作物，主要分布于热带和部分亚热带地区，具有粗生粗长、不与粮争地等优点，还是一种清洁、可再生的绿色生物质能源。

图 1-3　中国木薯地
（中国热科院品资所　供图）

图 1-4　非洲木薯地
（中国热科院国际合作处　供图）

图 1-5　在中国收获的木薯
（中国热科院国际合作处　供图）

图 1-6　在非洲收获的木薯
（中国热科院国际合作处　供图）

2019 年，世界木薯收获面积为 2 752.00 万公顷，总产量为 30 356.88 万吨，平均单产为 11.03 吨 / 公顷。收获面积最大的国家是尼日利亚，达到 721.52 万公顷，占世界总收获面积的 26.22%；其次是刚果（金）和泰国，分别占 17.87% 和 5.04%。中国种植面积位列第十七位，种植面积为 29.92 万公顷，占世界总收获面积的 1.09%。木薯产量排在前三位的国家依次为尼日利亚、刚果（金）和泰国，分别为 5 919.37 万吨、4 005.01 万吨和 3 108.00 万吨，占世界木薯总产量的 19.50%、13.19% 和 10.24%。中国木薯产量位列第十五位，为 497.55 万吨，占世界木薯总产量的 1.64%。产量前二十位的国家中，单产以赞比亚最高，达到 31.82 吨 / 公顷；其次为印度和柬埔寨，分别为 30.53 吨 / 公顷和 27.21 吨 / 公顷；中国木薯单产为 16.63 吨 / 公顷，位列第十位。详见表 1-2。

表 1-2　主要生产国木薯产量、收获面积和单产

国家	产量（万吨）	收获面积（万公顷）	单产（吨 / 公顷）
尼日利亚	5 919.37	721.52	8.20
刚果（金）	4 005.01	491.95	8.14
泰国	3 108.00	138.67	22.41
加纳	2 244.76	102.78	21.84
巴西	1 749.71	119.01	14.70
印度尼西亚	1 458.67	64.05	22.77
柬埔寨	1 373.79	50.49	27.21
越南	1 010.52	51.93	19.46
安哥拉	900.04	94.53	9.52
坦桑尼亚	818.41	99.08	8.26
喀麦隆	609.25	40.70	14.97
马拉维	566.79	23.84	23.77
科特迪瓦	523.82	86.65	6.05
印度	497.60	16.30	30.53
中国	497.55	29.92	16.63
塞拉利昂	458.86	34.63	13.25
赞比亚	403.66	12.69	31.82
莫桑比克	398.74	69.58	5.73
贝宁	389.48	27.73	14.05
巴拉圭	338.40	18.80	18.00

（三）香　　蕉

香蕉（图 1-7 至图 1-10）是重要的经济作物和粮食作物，是世界鲜果贸易量最大的水果，同时被 FAO 定位为仅次于水稻、小麦、玉米的世界第四大粮食作物。世界上有约 130 个国家种植香蕉，主要分布在亚洲、拉丁美洲和非洲的发展中国家。

图 1-7　中国香蕉园
（中国热科院生物所　供图）

图 1-8　非洲香蕉园（加纳）
（中国热科院国际合作处　供图）

图 1-9　中国组培苗与非洲吸芽苗
（中国热科院国际合作处　供图）

图 1-10　香蕉机械化采收
（中国热科院海口实验站　供图）

2019 年，世界香蕉收获面积为 515.86 万公顷，产量为 11 678.17 万吨，平均单产为 22.64 吨 / 公顷。收获面积排在前三位的国家依次为印度、巴西和中国，分别为 86.60 万公顷、46.18 万公顷和 34.40 万公顷，占世界香蕉总收获面积的 16.79%、8.95% 和 6.67%。产量排在前三位的国家依次为印度、中国和印度尼西亚，分别为

3 046.00 万吨、1 165.57 万吨和 728.07 万吨，占世界香蕉总产量的 26.08%、9.98% 和 6.23%。产量前二十位的国家中，单产以哥斯达黎加最高，达到 56.46 吨 / 公顷；其次为印度尼西亚和危地马拉，为 55.07 吨 / 公顷和 48.11 吨 / 公顷，中国香蕉单产为 33.88 吨 / 公顷，居第八位。详见表 1-3。

表 1-3 主要生产国香蕉产量、收获面积和单产

国家	产量（万吨）	收获面积（万公顷）	单产（吨 / 公顷）
印度	3 046.00	86.60	35.17
中国	1 165.60	34.40	33.88
印度尼西亚	728.07	13.22	55.07
巴西	681.30	46.18	14.75
厄瓜多尔	658.30	18.34	35.91
菲律宾	605.00	18.59	32.54
危地马拉	434.20	9.02	48.11
安哥拉	403.70	16.22	24.90
坦桑尼亚	340.70	30.28	11.25
哥伦比亚	291.40	10.56	27.60
哥斯达黎加	243.70	4.32	56.46
墨西哥	222.70	7.65	29.12
越南	219.40	13.36	16.42
卢旺达	185.10	25.40	7.29
肯尼亚	171.60	7.69	22.31
巴布亚新几内亚	140.80	8.14	17.30
埃及	135.90	3.04	44.73
泰国	129.80	6.08	21.33
多米尼加	120.90	2.89	41.90
喀麦隆	120.70	9.20	13.13

（四）椰　　子

椰子（图 1-11 至图 1-14）是重要的热带油料作物，椰子水和椰肉中含有丰富的蛋白质、脂肪、碳水化合物、维生素和矿物质等，具有极高的营养价值和药用价值，在亚洲、大洋洲、非洲、美洲等热区的 93 个国家和地区均有种植。

图 1-11 中国椰子园
（中国热科院椰子所 供图）

图 1-12 非洲椰子园（塞舌尔）
（中国热科院国际合作处 供图）

图 1-13 椰园间作牧草
（中国热科院椰子所 供图）

图 1-14 椰园养鸡
（中国热科院椰子所 供图）

2019年，世界椰子收获面积为1 180.72万公顷，产量为6 245.51万吨，平均单产为5.29吨/公顷。收获面积排在前三位的国家依次为菲律宾、印度尼西亚和印度，分别为365.19万公顷、280.00万公顷和215.10万公顷，占世界总收获面积的30.93%、23.71%和18.22%。中国收获面积位列第二十位，为3.75万公顷，占世界总收获面积的0.32%。产量排在前三位的国家依次为印度尼西亚、菲律宾和印度，分别为1 712.86万吨、1 476.51万吨、1 468.20万吨，占世界椰子总产量的27.43%、23.64%和23.51%。中国产量位列第十六位，为40.13万吨，占世界总产量的0.64%。产量前二十位的国家中，巴西单产最高，达到12.47吨/公顷；其次为孟加拉国和缅甸，分别为11.83吨/公顷和10.86吨/公顷；中国椰子单产为10.69吨/公顷，位居第4位。详见表1-4。

表1-4　主要生产国椰子产量、收获面积和单产

国家	产量（万吨）	收获面积（万公顷）	单产（吨/公顷）
印度尼西亚	1 712.86	280.00	6.12
菲律宾	1 476.51	365.19	4.04
印度	1 468.20	215.10	6.83
斯里兰卡	246.88	50.35	4.90
巴西	233.10	18.70	12.47
越南	167.70	15.90	10.55
墨西哥	128.80	20.41	6.31
巴布亚新几内亚	119.28	18.88	6.32
泰国	80.60	12.44	6.48
马来西亚	53.66	7.68	6.99
缅甸	53.08	4.89	10.86
孟加拉国	43.16	3.65	11.83
坦桑尼亚	42.86	65.77	0.65
多米尼加	42.16	5.20	8.10
加纳	40.39	7.52	5.37
中国	40.13	3.75	10.69
瓦努阿图	30.25	8.98	3.37
莫桑比克	23.28	10.10	2.31
尼日利亚	22.99	3.04	7.55
萨摩亚	18.07	2.74	6.61

（五）剑　麻

剑麻（图1-15、图1-16）是重要的热带纤维作物，剑麻纤维具有强度高、韧性强、耐腐蚀、不带静电等优点，是海洋渔业、海洋交通运输业和工矿等行业所需的不可替代原料。世界上种植剑麻的国家有22个，分布在美洲、非洲和亚洲的热带、亚热带地区。

图 1-15　中国剑麻园
（中国热科院南亚所　供图）

图 1-16　非洲剑麻纤维晒场（坦桑尼亚）
（中国热科院环植所　供图）

2019年，世界剑麻收获面积为23.57万公顷，总产量为20.65万吨，平均单产为0.88吨/公顷。收获面积排在前三位的国家分别是巴西、坦桑尼亚和海地，分别为9.92万公顷、4.32万公顷和2.56万公顷，占世界总收获面积的42.07%、18.34%和10.84%。中国收获面积列第八位，为0.26万公顷，占世界总收获面积的1.09%。产量以巴西最高，为8.68万吨，占世界总产量的42.04%；其次为坦桑尼亚和肯尼亚，分别为3.27万吨和2.10万吨，占世界总产量的15.85%和10.17%。中国产量位列第六位，为1.39万吨，占世界总产量的6.71%。产量前二十位的国家中，单产以中国最高，达到5.40吨/公顷；其次为委内瑞拉和墨西哥，分别为2.31吨/公顷和1.43吨/公顷。详见表1-5。

表1-5 主要生产国剑麻产量、收获面积和单产

国家	产量（万吨）	收获面积（万公顷）	单产（吨/公顷）
巴西	8.68	9.92	0.88
坦桑尼亚	3.27	4.32	0.76
肯尼亚	2.10	2.42	0.87
马达加斯加	1.76	1.41	1.25
海地	1.41	2.56	0.55
中国	1.39	0.26	5.40
墨西哥	1.24	0.87	1.43
摩洛哥	0.17	0.57	0.29
委内瑞拉	0.16	0.07	2.31
南非	0.11	0.18	0.62
埃塞俄比亚	0.08	0.11	0.72
莫桑比克	0.06	0.20	0.31
安哥拉	0.06	0.06	1.02
牙买加	0.04	0.06	0.75
印度尼西亚	0.04	0.03	1.12
古巴	0.03	0.08	0.33
中非	0.02	0.17	0.14
几内亚	0.02	0.22	0.09
马拉维	0.02	0.06	0.23

（六）甘　蔗

甘蔗（图1-17至图1-20）是制作蔗糖、乙醇和甜味剂的主要原材料，也是世界上相对重要的经济能源作物之一。

图 1-17　中国甘蔗地
（中国热科院生物所　供图）

图 1-18　非洲甘蔗地（毛里求斯）
（中国热科院生物所　供图）

图 1-19 甘蔗机械化种植
（中国热科院生物所 供图）

图 1-20 甘蔗机械化收获
（中国热科院生物所 供图）

2019 年，世界甘蔗收获面积为 2 677.70 万公顷，总产量为 194 931.01 万吨，平均单产为 72.80 吨 / 公顷。收获面积排在前三位的国家分别是巴西、印度和泰国，分别为 1 008.12 万公顷、506.11 万公顷、183.51 万公顷，占世界总收获面积的 37.65%、18.90% 和 6.85%。中国收获面积列第四位，为 141.40 万公顷，占世界总收获面积的 5.28%。产量以巴西最高，为 75 289.54 万吨，占世界总产量的 38.62%；其次为印度和泰国，分别为 40 541.62 万吨和 13 100.22 万吨，占世界总产量的 20.80% 和 6.72%。中国产量列第四位，为 10 938.81 万吨，占世界总产量的 5.61%。产量前二十位的国家中，单产以秘鲁最高，达到 125.49 吨 / 公顷，其次为埃及和危地马拉，分别为 115.74 吨 / 公顷和 107.67 吨 / 公顷。中国单产为 77.36 吨 / 公顷，略高于世界平均水平。详见表 1-6。

表 1-6　主要生产国甘蔗产量、收获面积和单产

国家	产量（万吨）	收获面积（万公顷）	单产（吨 / 公顷）
巴西	75 289.54	1 008.12	74.68
印度	40 541.62	506.11	80.11
泰国	13 100.22	183.51	71.39
中国	10 938.81	141.40	77.36
巴基斯坦	6 688.00	103.98	64.32
墨西哥	5 933.40	79.60	74.54
哥伦比亚	3 266.30	45.78	71.35
澳大利亚	3 241.50	43.32	74.84
印度尼西亚	2 910.00	44.36	65.60
危地马拉	2 908.70	27.01	107.67
美国	2 897.30	36.96	78.40
菲律宾	2 071.90	37.93	54.63
南非	1 948.20	29.86	65.24
阿根廷	1 765.30	47.62	37.07
埃及	1 631.60	14.10	115.74
越南	1 527.00	23.34	65.43
缅甸	1 184.60	18.22	65.03
秘鲁	1 092.90	8.71	125.49
玻利维亚	955.80	17.46	54.74
伊朗	928.50	11.32	82.06

（七）咖　　啡

咖啡树（图 1-21 至图 1-26）原产于非洲埃塞俄比亚西南部高原地区，咖啡树果实中的果仁经过烘焙得到的咖啡豆，配合不同的烹煮工具能够制作出一种深受世界各地消费者喜爱的饮料——咖啡，咖啡已成为世界范围内较为普遍的饮品之一。

图 1-21　小粒种咖啡
（中国热科院香饮所　供图）

图 1-22　中粒种咖啡
（中国热科院香饮所　供图）

图 1-23 大粒种咖啡
（中国热科院香饮所 供图）

图 1-24 中国咖啡园（云南省保山市）
（中国热科院香饮所 供图）

图 1-25　非洲咖啡园（科特迪瓦）
（中国热科院香饮所　供图）

图 1-26　咖啡—椰子间作
（中国热科院香饮所　供图）

2019 年，世界咖啡收获面积为 1 112.05 万公顷，总产量为 1 003.56 万吨，平均单产为 0.90 吨 / 公顷。收获面积排在前三位的国家分别是巴西、印度尼西亚和科特迪瓦，分别为 182.34 万公顷、125.80 万公顷和 95.40 万公顷，占世界总收获面积的 16.40%、11.31% 和 8.58%。中国收获面积列第三十二位，为 3.96 万公顷，占世界总收获面积的 0.36%。产量以巴西最高，为 300.94 万吨，占世界总产量的 29.99%；其次为越南和哥伦比亚，分别为 168.40 万吨和 88.51 万吨，占世界总产量的 16.78% 和 8.82%。中国产量列第十四位，为 12.00 万吨，占世界总产量的 1.20%。产量前二十位的国家中，单产以中国最高，达到 3.03 吨 / 公顷；其次为越南和老挝，分别为 2.71 吨 / 公顷和 1.89 吨 / 公顷。详见表 1-7。

表 1-7 主要生产国咖啡产量、收获面积和单产

国家	产量（万吨）	收获面积（万公顷）	单产（吨 / 公顷）
巴西	300.94	182.34	1.65
越南	168.40	62.26	2.71
哥伦比亚	88.51	85.37	1.04
印度尼西亚	76.10	125.80	0.61
埃塞俄比亚	48.26	75.85	0.64
洪都拉斯	47.64	42.10	1.13
秘鲁	36.33	35.95	1.01
印度	31.95	41.67	0.77
乌干达	25.41	46.94	0.54
危地马拉	22.50	30.82	0.73
尼加拉瓜	17.40	18.04	0.96
老挝	16.59	8.78	1.89
墨西哥	16.57	62.93	0.26
中国	12.00	3.96	3.03
哥斯达黎加	8.41	9.37	0.90
科特迪瓦	6.77	95.40	0.07
马达加斯加	6.58	11.25	0.59
菲律宾	6.00	11.20	0.54
委内瑞拉	5.67	16.06	0.35
巴布亚新几内亚	5.56	5.22	1.07

（八）可　　可

可可（图 1-27 至图 1-29）与咖啡、茶并称为世界三大饮料作物，种子富含油脂

（可可脂）、蛋白质、纤维、多酚等成分，是制作巧克力、糕点、糖果等食品的重要原料，被誉为“巧克力之母”。可可原产于南美洲热带雨林，现广泛分布于南北纬 20° 以内的热带地区。

图 1-27　中国可可园
（中国热科院香饮所　供图）

图 1-28　非洲可可园（科特迪瓦）
（中国热科院香饮所　供图）

图 1-29 可可—槟榔间作
（中国热科院香饮所 供图）

2019 年，世界可可收获面积为 1 223.43 万公顷，总产量为 559.64 万吨，平均单产为 0.46 吨 / 公顷。收获面积排在前三位的国家分别是科特迪瓦、印度尼西亚和加纳，分别为 477.69 万公顷、160.06 万公顷和 147.85 万公顷，占世界总收获面积的 39.04%、13.08% 和 12.08%。产量以科特迪瓦最高，为 218.00 万吨，占世界总产量的 38.95%；其次为加纳和印度尼西亚，分别为 81.17 万吨和 78.40 万吨，占世界总产量的 14.50% 和 14.01%。产量前二十位的国家中，单产以危地马拉最高，达到 2.69 吨 / 公顷；其次为秘鲁和哥伦比亚，分别为 1.04 吨 / 公顷和 0.87 吨 / 公顷。详见表 1-8。

表 1-8 主要生产国可可产量、收获面积和单产

国家	产量（万吨）	收获面积（万公顷）	单产（吨 / 公顷）
科特迪瓦	218.00	477.69	0.46
加纳	81.17	147.85	0.55
印度尼西亚	78.40	160.07	0.49
尼日利亚	35.02	135.41	0.26
厄瓜多尔	28.37	52.54	0.54
喀麦隆	28.00	67.28	0.42
巴西	25.94	58.19	0.45
秘鲁	13.59	13.04	1.04

续表

国家	产量（万吨）	收获面积（万公顷）	单产（吨/公顷）
哥伦比亚	10.22	11.78	0.87
多米尼加	8.90	15.09	0.59
巴布亚新几内亚	4.57	11.24	0.41
乌干达	3.50	7.24	0.48
墨西哥	2.85	5.85	0.49
印度	2.40	9.40	0.26
委内瑞拉	2.39	8.09	0.30
几内亚	1.73	3.58	0.48
海地	1.69	3.46	0.49

（九）胡　椒

胡椒（图 1-30 至图 1-32）原产于印度，是世界上重要的香辛料作物之一，其气味独特、口感辛辣，深受世界各地人民的喜爱，被誉为“香料之王”。

图 1-30　胡椒
（中国热科院香饮所　供图）

图 1-31　中国胡椒园
（中国热科院香饮所　供图）

图 1-32　非洲胡椒园（桑给巴尔）
（中国热科院国际合作处　供图）

2019 年，世界胡椒收获面积为 74.91 万公顷，总产量为 110.30 万吨，平均单产为 1.47 吨 / 公顷。收获面积排在前三位的国家分别是印度尼西亚、埃塞俄比亚和印度，分别为 18.80 万公顷、16.92 万公顷和 13.80 万公顷，占世界总收获面积的 25.10%、22.59% 和 18.42%。中国收获面积列第七位，为 1.85 万公顷，占世界总收获面积的 2.47%。产量以埃塞俄比亚最高，为 37.44 万吨，占世界总产量的 33.94%；其次为越南和巴西，分别为 26.49 万吨和 10.94 万吨，占世界总产量的 24.01% 和 9.92%。中国产量为 3.74 万吨，占世界总产量的 3.39%。柬埔寨和哥斯达黎加的单产较高，分别为 6.65 吨 / 公顷和 5.10 吨 / 公顷。中国的单产为 2.03 吨 / 公顷，稍高于世界平均水平。详见表 1-9。

表 1-9　主要生产国胡椒产量、收获面积和单产

国家	产量（万吨）	收获面积（万公顷）	单产（吨 / 公顷）
埃塞俄比亚	37.44	16.92	2.21
越南	26.49	11.11	2.39
巴西	10.94	3.53	3.10
印度尼西亚	8.90	18.80	0.47
印度	6.60	13.80	0.48
斯里兰卡	4.14	4.53	0.92
中国	3.74	1.85	2.03
马来西亚	3.39	0.73	4.65
墨西哥	0.94	0.32	2.89
马达加斯加	0.45	0.83	0.54
加纳	0.42	0.61	0.70
卢旺达	0.28	0.08	3.75
柬埔寨	0.25	0.04	6.65
泰国	0.22	0.06	3.62
厄瓜多尔	0.21	0.11	2.01
乌干达	0.20	0.16	1.27
津巴布韦	0.20	0.13	1.51
哥斯达黎加	0.17	0.03	5.10
菲律宾	0.11	0.16	0.70

总体来看，2019 年，巴西、印度尼西亚、印度、泰国、越南等国家是相对主要的热带作物生产国（王金辉　等，2021）。巴西的剑麻、甘蔗和咖啡收获面积和总产量

均位列世界第一，胡椒总产量位列世界第三。印度尼西亚的橡胶收获面积位列世界第一、总产量第二，椰子收获面积位列第二、总产量位列第一，可可收获面积位列第二、总产量位列第三，香蕉总产量位列第三。印度的香蕉收获面积和总产量均位列世界第一，甘蔗收获面积和总产量均位列第二，椰子收获面积和总产量均位列第三。泰国的橡胶收获面积位列世界第二、总产量位列第一，木薯收获面积和产量均位列第三，甘蔗收获面积和产量均位列第三。越南的咖啡和胡椒总产量位列世界第二，橡胶产量位列第三。尼日利亚的木薯收获面积和总产量、科特迪瓦的可可收获面积和总产量、菲律宾的椰子收获面积均位列世界第一。埃塞俄比亚的胡椒收获面积位列世界第二、总产量位列第一。中国的香蕉收获面积位列世界第三、产量位列第二，甘蔗收获面积和总产量均位列世界第四，橡胶收获面积和总产量均位列世界第五，剑麻收获面积位列第八、总产量位列第六。

二、热带农业在全球农业的地位

（一）热带地区是全球农业的重要主产地

热带地区是全球人民高端生活必需品的主产地，如咖啡、椰子、可可、胡椒、蔗糖、名贵香料等。同时，热带地区也是全球粮食的主产地，如玉米、大蕉、豆类、大薯、木薯等。世界热带作物产业主要集中分布于东南亚及南亚，南美洲的亚马孙河流域，非洲的刚果河流域及几内亚湾沿岸等地。其中，东南亚地区是全球热带经济作物的最大产出地，如泰国是世界最大的天然橡胶生产国和出口国，其产量最高时曾占世界橡胶生产总量的 40%；印度尼西亚是世界最大的油棕和椰子生产国；菲律宾是世界最大的椰子出口国。

（二）热带农业是全球农业的支柱产业

全球热带国家和地区绝大多数为农业人口占多数的发展中国家，开展热带农业生产的国家有 100 多个，以热带农业为生的直接或间接人口约有 10 亿人，全球 1/7 人口的生活状况与热带农业生产水平直接相关联，热带作物产业生产水平起着举足轻重的作用，其发展水平也影响着全球经济健康稳定发展（张慧坚 等，2018）。近年来，世界热带农业迅猛发展，热带农业已成为世界主要热带国家的重要经济来源和支柱产业。世界 95%

的热带作物生产在发展中国家，80% 的消费主要集中在发达国家。可以说，世界对热带作物产品需求巨大，这将有力地推动世界热带作物产业发展（刘东 等，2021）。

根据 FAO 统计数据，2019 年，全球除木薯干和天然橡胶（含干胶）的市场贸易总额较 2018 年下滑外，世界其他主要热带农产品均呈稳中有升的态势。2019 年，木薯干进出口总量分别为 539.8 万吨和 297.6 万吨，较 2018 年分别减少 28.4% 和 45.9%；天然橡胶（含干胶）进出口总量分别为 956.3 万吨和 951 万吨，较 2018 年分别减少 4.6% 和 3.3%。油棕、香蕉等热作产品贸易活跃，贸易总量在千万吨级以上。油棕进出口总量为 5 182.9 万吨和 4 781.6 万吨，同比增长 8.3% 和减少 2%；香蕉进出口总量分别为 2 299.2 万吨和 2 476 万吨，同比增长 2.3% 和 1.6%；生咖啡进出口总量分别为 774.3 万吨和 788 万吨，同比增长 3.5% 和 5.2%；可可豆进出口总量分别为 402.4 万吨和 410.6 万吨，与上年基本持平；菠萝进出口总量分别为 361.3 万吨和 338.9 万吨，与上年略有减少；椰子进出口总量分别为 140.7 万吨和 112.1 万吨，同比增长 11.1% 和 2.6%，贸易量增长量较为明显。

（三）热带农业对全球粮食安全贡献巨大

热带农产品具有资源稀缺性、不可替代性和功能多样性等特征，市场需求旺盛、产业前景广阔，不仅为世界提供了多元化和多样性的功能农产品，而且对全球粮食安全发挥着重要的保障作用。以木薯为例，全球共有 100 多个国家种植，2019 年的收获面积为 2 752.00 万公顷，总产量为 30 356.88 万吨，是世界 10 余亿人口的主要粮食，在全球粮食安全中不可或缺。特别值得一提的是，水稻、小麦、玉米、大豆、马铃薯等全球排名前五位的粮食作物耕作生产技术已十分成熟，产量潜力提高空间不大，而排名第六的木薯，全球平均单位面积产量仅 11.03 吨 / 公顷，与我国的平均单位面积产量 16.63 吨 / 公顷相比，相差 5.6 吨 / 公顷。世界热区木薯种植地水热条件均优于我国，中国育成的新品种“华南 5 号”“华南 8 号”小面积种植（包括在非洲、东南亚）产量可达到 3.4 吨 / 亩（1 亩≈666.67 平方米，1 公顷 =15 亩，下同），让全球木薯单产达到“中国水平”并不困难。例如，在中国援刚果（布）农业技术示范中心，中国热科院利用从中国引进的高产抗性木薯品种开展抗性试验，筛选出适宜当地气候和资源条件的高产和耐花叶病木薯品种 2 个，通过采用机械栽培和科学管理技术，品种 K265 平均单产 2.81 吨 / 亩，相对当地品种每亩增产 2.21 吨；品种 I93 平均单产 2.0 吨 / 亩，相对当地品种每亩增产 1.4 吨。在乌干达，中国热科院派出木薯专家在乌干达西部地区 Katrmarwa 和 Mutunda 开展木薯机械化种植、收获等技术示范推广，种植采用经筛选的当地高产抗病木薯品种，示范区平均单产 2.41 吨 / 亩，比当地农民种植的单产 1.18 吨 / 亩增加 1 倍以上。此外，中国热科院在尼日利亚、坦桑尼亚、刚果（布）、乌干达等国家建立木薯食品自动化生产线，可批量生产高品质木薯全粉（非即食）、木薯饼干（4 种风味）和木薯膨化食品（4 种风味）等，促进了木薯食品的多元化、多样化。因此，若能通过中国木薯新品种、新技术的推广与示范，全球木薯单产有可能达到 2.0 吨 / 亩，可为全球增加木薯产量 4.60 亿吨，将对粮食安全做出巨大贡献（刘国道 等，2020）。

第二章

非洲国家热作产业发展现状

农业作为非洲最重要的产业之一，仍是非洲大多数国家主要的收入来源，提供了非洲超过 50% 的就业（张悦 等，2021）。非洲农业发展水平不高，农民极度贫穷，73% 的农村人口日均收入不足 1 美元。近十余年来，非洲农产品贸易呈现较大波动。同时，非洲热带国家农产品出口份额高、波动大，农产品出口高度集中在初级加工农产品和园艺产品，占非洲农产品出口总额的 70% 以上，而且份额还在不断上升，主要集中在粮食和油料产品，占农产品进口总额的 40% 以上。

非洲的粮食作物种类繁多，有麦、稻、玉米、小米、高粱、马铃薯等，还有特产木薯、大蕉、椰枣、薯蓣、食用芭蕉等。随着城市化的发展，非洲的饮食习惯发生了改变，其主粮作物的结构也发生了一些变化。大米和小麦逐渐取代了传统的小米和高粱等谷物，但传统主食玉米继续在东部和南部非洲的饮食中占主导地位，并在非洲其他地区也迅速增长，玉米和木薯仍是西非和中非最重要的粮食作物（张悦 等，2021）。非洲的经济作物，特别是热带经济作物作为非洲出口型经济作物一直以来都是非洲农业生产的重要部分，有些作物在世界上占有重要地位，棉花、剑麻、花生、油棕、腰果、芝麻、咖啡、可可、甘蔗、烟叶、天然橡胶、丁香等的产量都很高。乳香、没药、卡里特果、柯拉、阿尔法草是非洲特有的作物。畜牧业发展较快，牲畜头数多，但畜产品商品率低，经营粗放落后。渔业资源丰富，但渔业生产仍停留在手工操作阶段，近年来淡水渔业发展较快。

一、主要粮食作物

木薯和玉米是非洲热带国家重要的粮食作物。在这两种作物传入非洲以前，非洲热带国家以高粱、小米、薯蓣、大蕉、苔麸等为主食，而木薯、玉米等美洲作物传入非洲以后，经过几个世纪的推广，逐渐取代传统粮食作物，成为非洲热带国家最主要的粮食作物。

木薯是非洲热带国家人民的生命线，是贫穷农民特别重要的主食。从 FAO 2017—2019 年数据来看，全球和非洲木薯的面积和产量都在增加，全球木薯面积从 2 597.80 万公顷增加至 2 835.75 万公顷，产量从 28 052.07 万吨增长到近 29 902.82 万吨；非洲的木薯面积从 2 003.33 万公顷增加至 2 263.50 万公顷，产量从 17 093.88 万吨增加至 19 167.50 万吨。非洲是全球木薯的主产区，全球约 80% 的木薯面积和约 60% 的木薯产量在非洲。非洲木薯平均单产超过 8 吨 / 公顷，与全球超过 10 吨 / 公顷的单产相差近 20 个百分点，产量还有较大提升空间（表 2-1）。

玉米也是非洲热带国家重要的粮食作物，几乎每个非洲热带国家都种植玉米。非洲热带国家 95% 的玉米作为粮食之用，如此高的食用比例远高于全球大多数国家和地区。非洲玉米种植面积为 4 000 多万公顷，总产为 8 000 多万吨，单产仅约 2 吨 / 公顷，远低于全球每公顷超过 5.7 吨的水平，具有巨大的增长空间（表 2-1）。

水稻近些年在许多非洲热带国家的种植面积越来越大，接近 1 700 万公顷，2019 年的总产超过 3 700 万吨，全球水稻面积超过 1.6 亿公顷，总产达到 7.5 亿吨；非洲水稻面积占比 10% 左右，总产占比不到 5%，单产约是世界平均单产的 1/2，也具有较大的增长空间（表 2-1）。

表 2-1 2017—2019 年非洲主要粮食作物面积、单产和总产

名称	项目	2017 年			2018 年			2019 年		
		面积（万公顷）	单产（吨 / 公顷）	总产（万吨）	面积（万公顷）	单产（吨 / 公顷）	总产（万吨）	面积（万公顷）	单产（吨 / 公顷）	总产（万吨）
木薯	全球	2 597.80	10.79	28 052.07	2 665.82	10.90	29 061.58	2 835.75	10.54	29 902.82
	非洲	2 003.33	8.53	17 093.88	2 093.70	8.85	18 536.56	2 263.50	8.46	19 167.50
	占比（%）	77.12	79.02	60.94	78.54	81.21	63.78	79.82	80.30	64.10
玉米	全球	19 820.29	5.74	113 872.40	19 538.08	5.75	112 426.12	19 635.67	5.81	114 135.98
	非洲	4 123.33	2.16	8 930.79	4 015.09	2.04	8 227.30	4 159.37	2.01	8 390.22
	占比（%）	20.80	37.70	7.84	20.55	35.61	7.32	21.18	34.70	7.35
水稻	全球	16 412.38	4.55	74 741.02	16 575.15	4.57	75 906.67	16 177.17	4.63	74 918.99
	非洲	1 610.75	2.04	3 289.99	1 768.98	1.93	3 423.44	1 697.74	2.17	3 700.47
	占比（%）	9.81	44.85	4.40	10.67	42.26	4.51	10.49	47.06	4.94

数据来源：FAO 数据库，下同。

二、主要热带水果

腰果（图 2-1）、菠萝（图 2-2）和香蕉是非洲热带国家重要的热带水果，也是许多农民重要的收入来源。

图 2-1　非洲腰果园（莫桑比克）
（中国热科院品资所　供图）

图 2-2　非洲菠萝田（桑给巴尔）
（中国热科院国际合作处　供图）

从 FAO 2017—2019 年数据来看（表 2-2），腰果是非洲最具优势的热带水果，也是面积最大的热带果树。2019 年，非洲的腰果种植面积为 420.39 万公顷，占全球 60% 以上；产量为 213.84 万吨，也接近全球产量的 60%；单产为 0.50 吨 / 公顷，接近全球 0.57 吨 / 公顷的单产水平。

2017—2019年，非洲的香蕉面积在170万公顷左右，产量约2 000万吨，是非洲的第二大水果；菠萝面积接近40万公顷，产量500多万吨；木瓜约为14万公顷，产量超过140万吨；这3种水果的种植面积都占全球的35%左右，产量占10%～20%。芒果面积接近100万公顷，产量为800万吨左右，是非洲的第三大水果，种植面积和产量均占全球15%左右。从单产看，香蕉和菠萝的单产达到全球单产水平的50%左右，芒果单产超过8吨/公顷，接近全球约10吨/公顷的单产水平（表2-2）。香蕉和菠萝在产量上还有很大的提升空间。

2017—2019年，非洲的油梨面积超过10万公顷，产量在80万吨左右，全球面积占比超过15%；椰子面积100多万公顷，占全球近10%，产量不到200万吨，占比在3%左右（表2-2）。

表2-2 2017—2019年非洲热带水果面积、单产和总产

名称	项目	2017年			2018年			2019年		
		面积（万公顷）	单产（吨/公顷）	总产（万吨）	面积（万公顷）	单产（吨/公顷）	总产（万吨）	面积（万公顷）	单产（吨/公顷）	总产（万吨）
腰果	全球	622.21	0.58	365.57	708.48	0.56	402.25	659.67	0.57	377.30
	非洲	388.83	0.54	212.59	471.03	0.49	232.19	420.39	0.50	213.84
	占比（%）	62.49	93.05	58.15	66.48	86.80	57.72	63.72	88.93	56.67
香蕉	全球	511.52	22.14	11 328.92	504.41	23.12	11 665.39	513.22	22.89	11 752.51
	非洲	178.96	10.67	1 910.60	166.60	11.95	1 991.18	166.69	12.11	2 019.48
	占比（%）	34.99	48.20	16.86	33.03	51.68	17.07	32.48	52.91	17.18
菠萝	全球	105.44	25.97	2 739.17	109.70	25.82	2 833.18	108.53	25.99	2 821.63
	非洲	37.29	13.97	521.16	38.27	13.63	521.83	38.80	13.39	519.78
	占比（%）	35.37	53.79	19.03	34.89	52.79	18.42	35.75	51.53	18.42
木瓜	全球	44.38	29.24	1 297.88	44.55	29.79	1 327.27	45.79	29.78	1 364.12
	非洲	13.79	10.26	141.56	13.96	10.70	149.52	13.88	10.54	146.35
	占比（%）	31.07	35.10	10.91	31.35	35.93	11.27	30.31	35.40	10.73
芒果	全球	540.78	9.61	5 200.03	534.29	10.01	5 351.08	551.82	9.97	5 502.61
	非洲	92.49	8.29	767.62	93.99	8.81	828.70	96.23	8.51	819.06
	占比（%）	17.10	86.30	14.76	17.59	88.02	15.48	17.43	85.35	14.88

续表

名称	项目	2017 年			2018 年			2019 年		
		面积（万公顷）	单产（吨/公顷）	总产（万吨）	面积（万公顷）	单产（吨/公顷）	总产（万吨）	面积（万公顷）	单产（吨/公顷）	总产（万吨）
油梨	全球	65.51	9.44	618.48	71.69	9.38	673.05	74.87	9.45	707.71
	非洲	10.95	6.74	73.86	12.09	6.87	83.18	12.11	6.97	84.52
	占比（%）	16.73	71.40	11.94	16.87	73.24	12.36	16.18	73.84	11.94
椰子	全球	1 149.53	4.95	5 701.47	1 152.10	5.50	6 337.33	1 163.01	5.34	6 215.96
	非洲	105.83	1.72	182.29	110.03	1.66	183.56	108.45	1.69	183.55
	占比（%）	9.21	34.73	3.20	9.55	30.33	2.90	9.33	31.67	2.95

三、香料饮料作物

非洲热带国家是全世界可可的最大产区，其中，以西非产量最大，科特迪瓦是非洲热带国家中最大的可可豆主产国。非洲香辛料产品见图 2-3。

图 2-3　非洲香辛料产品

（中国热科院香饮所　供图）

马达加斯加是非洲热带国家胡椒、香草、丁香和肉桂等香辛料作物的最大主产国，其他非洲热带国家的香辛料作物产量较少。如表 2-3 所示，2017—2019 年，非洲的干辣椒和胡椒面积接近 40 万公顷，产量接近 100 万吨，全球占比均在 20% 左右，2017 年和 2019 年的单产高出全球平均水平；肉桂的面积和产量占比均超过 1%，但单产约为全球的 1.5 倍。

2017—2019 年，非洲的丁香面积为 9 万多公顷，全球占比超过 13%，产量超过 4 万吨，占比超过 20%，单产和肉桂一样，高于全球平均水平；香草兰面积超过 7 万公顷，全球占比接近 80%，是香草兰的主产区；产量超过 0.3 万吨，单产超过全球的 1/2，产量还有较大的增长空间（表 2-3）。

2017—2019 年，非洲的可可面积超过 800 万顷，产量接近 400 万吨，均占全球 70% 左右，单产与世界平均水平几乎一致，是全球可可主产区。2019 年，咖啡的面积增长到 300 多万公顷，产量达到 120 多万吨，单产水平接近世界平均水平的 1/2，有较大的增长空间（表 2-3）。

表 2-3　2017—2019 年非洲热带香料饮料作物面积、单产和总产

名称	项目	2017 年			2018 年			2019 年		
		面积（万公顷）	单产（吨/公顷）	总产（万吨）	面积（万公顷）	单产（吨/公顷）	总产（万吨）	面积（万公顷）	单产（吨/公顷）	总产（万吨）
干辣椒、胡椒	全球	182.38	2.46	449.16	170.04	2.68	456.69	170.80	2.41	412.67
	非洲	35.39	2.56	90.92	38.20	2.59	99.22	38.12	2.56	97.62
	占比（%）	19.40	104.32	20.24	22.47	96.70	21.73	22.32	105.98	23.66
肉桂	全球	26.88	0.83	22.35	27.51	0.81	22.36	27.49	0.81	22.34
	非洲	0.28	1.23	0.34	0.30	1.16	0.35	0.28	1.24	0.35
	占比（%）	1.05	148.39	1.57	1.11	143.92	1.60	1.05	152.80	1.61
丁香	全球	66.66	0.24	16.39	67.15	0.26	17.99	66.76	0.27	18.13
	非洲	9.78	0.42	4.18	9.41	0.44	4.18	9.02	0.44	4.06
	占比（%）	14.68	174.01	25.55	14.02	165.96	23.26	13.52	165.61	22.39

续表

名称	项目	2017年			2018年			2019年		
		面积（万公顷）	单产（吨/公顷）	总产（万吨）	面积（万公顷）	单产（吨/公顷）	总产（万吨）	面积（万公顷）	单产（吨/公顷）	总产（万吨）
香草兰	全球	9.28	0.07	0.72	9.63	0.07	0.72	9.68	0.07	0.73
	非洲	7.32	0.04	0.32	7.61	0.04	0.32	7.68	0.04	0.32
	占比（%）	78.94	56.70	44.77	79.08	55.54	43.94	79.35	55.28	43.82
可可	全球	1 174.50	0.44	525.91	1 192.45	0.46	551.58	1 210.05	0.46	561.52
	非洲	816.52	0.46	375.61	834.63	0.45	378.33	848.54	0.44	379.43
	占比（%）	69.52	102.72	71.42	69.99	97.99	68.59	70.12	96.38	67.57
咖啡	全球	1 032.35	0.90	931.36	1 062.80	0.97	1 036.83	1 105.81	0.90	1 002.91
	非洲	238.38	0.48	115.80	258.05	0.46	120.71	307.22	0.42	128.29
	占比（%）	23.09	53.85	12.43	24.28	47.95	11.64	27.78	46.05	12.79

四、工业原料作物

油棕、剑麻、橡胶、甘蔗是热带工业原料作物，剑麻是非洲热带国家广泛种植的纤维作物，油棕是非洲热带国家种植较多的油料作物。橡胶和甘蔗在非洲也有少量种植。如表 2-4 所示，2017—2019 年，非洲的油棕面积为 500 多万公顷，全球占比接近 20%，产量 2 000 多万吨，全球占比约为 5%，单产不到全球的 30%，有较大的增长空间；剑麻面积在 10 万公顷左右，产量在 8 万吨左右，均占全球面积和产量的 40% 左右，单产接近全球平均单产水平，非洲剑麻是在全球具有比较优势的作物。

2017—2019 年，非洲的甘蔗面积在 150 万公顷左右，产量 9 000 多万吨，全球占比 5% 左右；橡胶面积在 100 万公顷左右，产量也在 100 万吨左右，全球占比 7% 左右。2019 年，甘蔗和橡胶的面积和产量都较低，但单产水平与全球的水平差距接近 15 个百分点，表明非洲区域种植甘蔗和橡胶具有较大潜力（表 2-4）。

表 2-4 2017—2019 年非洲工业原料作物面积、单产和总产

名称	项目	2017 年			2018 年			2019 年		
		面积（万公顷）	单产（吨/公顷）	总产（万吨）	面积（万公顷）	单产（吨/公顷）	总产（万吨）	面积（万公顷）	单产（吨/公顷）	总产（万吨）
油棕	全球	2 706.65	15.03	40 668.72	2 773.63	14.75	40 926.52	2 840.17	14.64	41 589.80
	非洲	526.54	4.07	2 145.46	542.19	4.05	2 197.45	567.48	4.01	2 280.67
	占比（%）	19.45	27.12	5.28	19.55	27.47	5.37	19.98	27.45	5.48
剑麻	全球	22.27	0.91	20.35	23.65	0.87	20.70	22.99	0.89	20.64
	非洲	10.34	0.79	8.22	10.65	0.80	8.61	9.58	0.82	7.90
	占比（%）	46.42	87.11	40.43	45.06	92.29	41.58	41.67	91.92	38.30
甘蔗	全球	2 631.26	69.77	183 588.98	2 658.33	72.79	193 521.49	2 691.86	72.63	195 530.76
	非洲	149.47	61.77	9 233.76	152.95	62.77	9 601.30	158.17	60.74	9 608.95
	占比（%）	5.68	88.54	5.03	5.75	86.23	4.96	5.88	83.63	4.91
橡胶	全球	1 195.79	1.21	1 443.16	1 224.89	1.21	1 476.78	1 253.00	1.19	1 496.41
	非洲	97.81	0.94	92.19	101.56	0.95	97.25	107.48	1.02	110.50
	占比（%）	8.18	78.10	6.39	8.29	79.43	6.59	8.58	86.08	7.38

五、进出口情况

从 FAO 的农产品贸易数据来看（表 2-5），2019 年非洲的 16 种主要热带作物中，进口量最大的是玉米，达 1 934.04 万吨，进口额近 43 亿美元；其次是棕油 782.45 万吨，进口额约 56 亿美元；香蕉进口量 49.11 万吨，进口额超过 2 亿美元；咖啡 34.51 万吨，进口额超过 6.4 亿美元；进口量最少的是香草兰和腰果，分别为 227 吨和 778 吨。

2019 年，出口量最大的是可可，超过 300 万吨，出口额接近 70 亿美元；其次是腰果，超过 166 万吨，出口额近 17.6 亿美元；咖啡出口额超过 83 万吨，出口额近 19 亿美元。生产近 80% 的可可、腰果和超过 50% 以上的香草兰、咖啡等用于出口，成

为主要的出口创汇农产品。2019 年，非洲 16 种热作产品进口总额超过 110 亿美元，出口总额超过 133 亿美元（表 2-5）。

表 2-5 2019 年非洲主要热带作物进口、出口情况

名称	进口量（万吨）	进口额（万美元）	出口量（万吨）	出口额（万美元）
腰果	0.08	158.5	166.79	175 751.4
香蕉	49.11	21 715.6	85.60	41 578.9
油梨	1.80	1 664.4	15.36	24 820.2
菠萝	1.61	1 183.5	7.82	4 221.1
木瓜	1.08	330.4	0.88	550.6
咖啡	34.51	64 189.3	83.23	186 888.6
可可	1.17	2 667.9	300.10	687 736.2
胡椒	4.37	10 376.1	1.35	3 840.0
香草兰	0.02	3 573.4	0.16	61 830.4
丁香	0.39	1 544.4	1.95	9 779.2
木薯	0.25	31.9	0.29	68.2
水稻	9.19	4 170.1	1.16	449.6
玉米	1 934.04	426 238.9	166.27	43 158.8
棕油	782.45	558 573.3	91.19	74 076.2
纤维作物	2.71	2 277.5	3.70	4 984.2
天然橡胶	1.12	1 415.4	20.01	12 139.5
合计	—	1 100 110.6	—	1 331 873.1

六、存在的问题

（一）基础设施缺乏

非洲国家农业生产力水平普遍较为低下，农业装备水平和基础设施严重落后，大量可耕地无力开发。铺筑道路密度全世界最低，加上过度使用和年久失修，许多道路只能勉强使用，约 85% 的乡间小路在雨季无法使用。道路的欠缺和不畅，严重影响了农用机械推广使用和农产品的外运，农产品运输成本高、市场竞争力低。水资源利用率只有 3%，灌溉面积仅占可耕地的 6%（李先德，2020）。农业生产和发展所需的水利灌溉、电力、仓储等设施严重不足，常因高温、干旱无法灌溉造成农作物大面积减收甚至绝收，农作物产品仓储保管不良，造成大量损耗。

（二）生产技能缺乏

非洲教育严重滞后，联合国教科文组织非洲分部报告指出，目前占非洲总人口的60%约4亿非洲人口是文盲，这种低下的劳动力素质难以学会足够的生产和谋生技能。很多农民科学文化素质相对较低，对新技术、新品种缺乏认识，耕作经验缺乏，行距株距靠脚量，病虫害防治靠经验，没有轮作、套种概念，普遍缺乏从事农业生产的基本知识和技能。

（三）生产方式粗放

耕作方式简单粗放，从播种、锄草到收割基本上依靠手工或简单工具，几乎没有使用农业机械。农用拖拉机以及收割—脱粒机保有量较低，农用拖拉机每万公顷拥有量仅为世界平均水平的1/8（李先德，2020），收割—脱粒机只有世界平均水平的1/19。缺乏农用化肥、农药、薄膜等，农用物资均依靠进口，价格十分昂贵，普通农户无力购买农用物资。据统计，受肥力不足等因素严重制约的农田约占农田总量的83%，低养分类别的土地约占16%，改良谷物种植品种约占20%的耕地，主要农作物单产长期处于很低水平。

（四）农业技术体系不健全

只有少数国家建立了国家农业技术推广体系，大部分国家的农业技术推广依赖于国际机构的农业技术推广体系，受经济投入能力和基础设施条件等方面的限制，农业技术推广服务的可及性和覆盖面都受到了很大影响。大部分农业科研机构规模很小，科研经费不足，研究水平有待提高。

（五）政策持续支撑能力不足

部分非洲国家制定了社会中长期发展规划，对包括农业在内的产业发展进行了顶层设计，但由于缺乏相配套的资金、政策和人才等要素，规划中的很多举措难以落地，目标难以实现。

第三章

我国热带农业发展现状与国际合作

按照传统约定惯例，我国热带地区既包括南北纬23°26′之间的区域，还包括同时满足日平均气温，10℃的天数285天以上、年积温≥6 500℃，最冷月平均气温≥10℃，年极端最低气温多年平均值≥2℃等4个指标的区域，主要分布在海南省、台湾全省，香港地区、澳门地区，福建省、广东省、广西壮族自治区、云南省、湖南省、江西省南部，四川省、贵州省干热河谷地带，西藏自治区墨脱、察隅、波密的低海拔地区。中国热区的陆地面积约为54万平方千米，占全国陆地面积的5.6%；热区海洋面积约为263万平方千米，占全国海洋面积的56%（崔鹏伟 等，2020）。我国适宜种植热作的土地面积有2 000多万公顷。

一、地位与作用

（一）我国是热带农产品生产大国

2019年我国热作种植总面积为453.33公顷，总产量为3 203.8万吨，天然橡胶、荔枝、芒果、八角、香蕉、龙眼、木薯、澳洲坚果、肉桂、柚子、槟榔的种植面积都超过了10万公顷（表3-1）。天然橡胶的种植面积世界排名第三位，产量世界排名第四位；荔枝、八角、龙眼等的种植面积和产量世界排名均为第一位；香蕉的种植面积世界排名第六位，产量世界排名第二位；芒果的种植面积和产量世界排名均为第三位；澳洲坚果的种植面积世界排名第一位，产量世界排名第三位。我国热区也是国家林木、畜禽和水产的重要供给区域，据不完全统计，2019年，我国热区木材产量、畜禽肉类总产量分别占全国总量的60%和20%以上。

表3-1 中国主要热带作物的面积、总产、单产

序号	作物名称	种植面积（万亩）	总产（万吨）	单产（千克／亩）
1	天然橡胶	1 718.0	81.0	71.6
2	荔枝	713.6	201.6	350.9
3	八角	550.5	22.3	42.8
4	芒果	484.2	278.2	855.2
5	香蕉	495.6	1 165.6	2 464.9
6	龙眼	419.7	177.2	513.5
7	木薯	422.9	259.8	631.6
8	澳洲坚果	367.5	4.9	52.7
9	肉桂	387.1	10.0	37.1

续表

序号	作物名称	种植面积（万亩）	总产（万吨）	单产（千克 / 亩）
10	柚子	317.1	458.4	1 847.3
11	槟榔	172.8	28.7	230.0
12	咖啡	140.3	14.5	133.1
13	菠萝	94.3	173.3	2 529.6
14	火龙果	86.5	129.7	1 848.8
15	椰子	51.8	23.2	546.5
16	剑麻	28.0	9.0	362.5

数据来源：农业农村部农垦局。

（二）我国是热带农产品进口大国

我国主要进口热带农产品为复合橡胶、混合橡胶、天然橡胶、热带水果、棕榈油、木薯、咖啡、咖啡、可可、椰子、剑麻等。2019 年，我国热带农产品进出口总额为 222.94 亿美元，同比增长 5.6%（2018 年进出口总额 211.02 亿美元）。其中，进口额 212.48 亿美元，同比增长 6.3%；出口额 10.46 亿美元，同比下降 6.3%（主要体现在咖啡出口额大幅下降，2018 年咖啡出口额 9.44 亿美元，2019 年咖啡出口额 2.12 亿美元，下降 7.32 亿美元，下降 77.54%），贸易逆差 202.03 亿美元（崔鹏伟 等，2020）。2015—2019 年度主要热带农产品进口额和进口量如表 3-2、表 3-3 所示。

表 3-2 2015—2019 年度主要热带农产品进口额 （单位：万美元）

年份	复合橡胶	混合橡胶	天然橡胶	热带水果	棕榈油
2015	175 616.07	72 397.31	391 693.28	204 579.13	348 206.02
2016	43 931.22	245 219.40	335 362.20	296 615.87	353 604.16
2017	41 005.70	482 577.82	491 697.49	262 184.21	431 653.17
2018	38 919.04	424 668.17	360 682.60	379 031.25	415 994.48
2019	32 334.92	370 469.34	310 725.33	504 059.80	422 368.44

年份	木薯	咖啡	可可	椰子	剑麻
2015	275 842.37	17 373.85	21 479.21	13 637.39	3 716.88
2016	212 414.42	90 356.35	35 351.28	14 270.44	5 370.09
2017	221 810.24	44 763.83	32 069.24	18 870.98	5 276.88
2018	206 950.40	51 955.13	34 638.99	22 397.07	6 093.72
2019	167 284.81	44 962.06	34 050.11	30 488.21	7 454.81

数据来源：中国海关。

表 3-3 2015—2019 年度主要热带农产品进口量 （单位：万吨）

年份	复合橡胶	混合橡胶	天然橡胶	剑麻	咖啡
2015	101.10	53.79	273.62	2.20	4.44
2016	15.94	181.80	250.12	3.09	13.18
2017	12.06	275.18	279.32	3.39	9.87
2018	11.37	295.04	259.59	3.84	10.54
2019	8.33	265.89	2 351.73	4.88	10.33
年份	可可	木薯	热带水果	椰子	棕榈油
2015	7.45	1 060.19	216.42	32.16	526.80
2016	10.14	977.73	279.21	32.59	503.06
2017	10.61	1 045.86	274.40	39.30	569.37
2018	12.95	680.65	360.33	46.23	607.34
2019	12.09	521.31	438.23	67.32	773.56

数据来源：中国海关。

我国热带农产品的进口国主要有泰国、印度尼西亚、马来西亚、越南、菲律宾、美国、缅甸、澳大利亚、南非、巴西、厄瓜多尔、老挝等。其中，从泰国进口 57.08 亿美元，主要进口产品为天然橡胶、木薯、榴莲、热带水果、椰子等产品；从印度尼西亚进口 36.34 亿美元，主要进口产品包括棕榈油、天然橡胶、可可、椰子、咖啡等；从马来西亚进口 19.96 亿美元，主要进口产品包括棕榈油、天然橡胶、可可、咖啡、胡椒、芒果、番石榴和山竹等；从越南进口 15.31 亿美元，主要进口产品包括其他小宗热带水果、天然橡胶、木薯、咖啡、腰果、香蕉、热带纤维、椰子等；从菲律宾进口 8.19 亿美元，主要进口产品包括香蕉、菠萝、棕榈油、椰子、天然橡胶等；从美国进口 5.16 亿美元，主要进口产品包括开心果、可可、天然橡胶、咖啡、澳洲坚果等；从缅甸进口 2.3 亿美元，主要进口产品包括肉桂、咖啡、腰果、香蕉、天然橡胶等；从澳大利亚进口 2.22 亿美元，主要进口产品包括澳洲坚果、开心果、可可等；从南非进口 2.17 亿美元，主要进口产品包括澳洲坚果等；从巴西进口 1.87 亿美元，主要进口产品包括热带纤维、咖啡、天然橡胶、巴西果等；从厄瓜多尔进口 1.83 亿美元，主要进口产品包括香蕉、可可、咖啡等；从老挝进口 1.74 亿美元，主要进口产品包括天然橡胶、咖啡、木薯等。

热带农产品主要进口国中，泰国一直占绝对大的比重，2012—2018 年平均占比 35.2%，其次是印度尼西亚占比 20%。马来西亚近年来占比降速较大，从 2012 年占比 26.5% 下降到 11.6%。越南占比从 2012 年到 2016 年不断上涨，而近 2 年有所下降，2018 年占比为 8.9%。菲律宾占比逐年提高，从 2012 年的 1.7% 提高到 2018 年的 4.8%。美国、缅甸、澳大利亚、南非和巴西所占比重虽然比较低但也在逐渐提高。

我国（不含我国香港地区）热带农产品出口的主要国家为越南、美国、泰国、俄罗斯、马来西亚、日本、菲律宾等，主要出口地区为我国香港地区等。其中，越南是中国热带农产品出口的主要目的国，2019 年出口越南 5.20 亿美元，出口产品主要包括其他小宗热带水果、咖啡、肉桂、芒果、番石榴和山竹等；其次是出口到美国，2019 年出口美国 3.76 亿美元，出口产品主要包括可可、芒果、番石榴和山竹、咖啡、开心果、菠萝、胡椒等；2019 年出口我国香港地区 3.11 亿美元，出口产品主要包括可可、其他小宗热带水果、咖啡、芒果、番石榴和山竹、木瓜、香蕉等；2019 年出口泰国 2.14 亿美元，出口产品包括其他热带水果、可可、天然橡胶、芒果、番石榴和山竹、咖啡等；2019 年出口俄罗斯 2.0 亿美元，出口产品包括咖啡、芒果、番石榴和山竹、菠萝、可可等；2019 年出口马来西亚 1.70 亿美元，出口产品包括咖啡、可可、其他小宗热带水果、天然橡胶；2019 年出口日本 1.30 亿美元，出口产品包括可可、芒果、番石榴和山竹、肉桂、天然橡胶、热带纤维、澳洲坚果；2019 年出口菲律宾 1.22 亿美元，出口产品包括可可、其他小宗热带水果、咖啡等。

在我国热带农产品出口国别中，出口越南比重逐年提高，已从 2012 年的 7.7% 提高到 2018 年的 17.0%；出口美国比重先下降后提高，近年来平均占比为 11.2%；出口我国香港地区占比波动比较大，2016 年达到 22.8%，2015—2019 年占比在 10% 左右；泰国占比先提高后下降，平均占比 9.1%；俄罗斯占比逐年提高，2018 年占比 6.6%；马来西亚占比呈逐年下降趋势，已从 2012 年 13.4% 下降到 2018 年的 5.6%。日本和菲律宾占比均下降后略有提升，平均占比分别为 4.2% 和 4.5%。

（三）做强做优热带农业具有重要意义

热带农业是大农业的重要组成部分，以极具鲜明热带区域特色的天然橡胶、油棕、木薯、热带水果、剑麻、咖啡、可可、甘蔗等热带作物为主导产业，也是人们日常生活所必需的热带农产品来源。做强做优热带特色高效农业是关乎国计民生的重大课题，加强热带特色高效农业自主创新，是满足我国战略需求与经济发展的必由之路。

天然橡胶与煤炭、石油、钢铁并称“四大”工业原料。我国热带农业科技专家创造性地突破了北纬 18°～24°胶种植地理极限并大面积植胶成功，迄今植胶面积已居世界植胶面积的第四位，产量占比也居第四位，为保障天然橡胶安全供给打下了坚实的基础（本刊编辑部，2020）。

芒果被称为世界第五大水果，我国热带农业科技专家创造了在世界纬度最北（26°～27°）、海拔最高（1 200～1 500 米）坡地种植纪录；四川攀枝花芒果产业从无到有，已成为我国唯一优质晚熟芒果生产基地。专家们还借助贵州黔西南州“两江一河”（南盘江、北盘江、红水河）流域光、热、土地等资源的得天独厚优势，使芒果产业成为助力贵州“两江一河”流域精准扶贫的特色产业。在广东省，科技助力荔枝成为富民产业；在广西壮族自治区，科技为木薯产业赋能、“甘蔗 + 花生”筑起“甜蜜”致富路；在云南省，科技助力咖啡、草果产业在扶贫中发挥了巨大作用（本刊编辑部，2020）。

（四）加强热带农业对外合作具有重要意义

热带农业对外合作不仅意义重要，而且合作潜力巨大。热带农业走出去充分利用境外农业资源，可增强中国热带农产品进口货源的供给能力。中国热区小，只有 50 万平方千米，我国约 80% 的热带农产品依赖进口，特别是天然橡胶、棕榈油、木薯等进口量大，其中从东盟国家进口的热带农产品占 90% 以上；世界热区大，达到 5 300 万平方千米。据 FAO 估算，目前全球范围内宜开垦的土地为 40 亿公顷，是全球现有耕地面积的 2.5 倍。其中，热带地区的非洲尚有待开垦耕地 8.3 亿公顷，主要集中在苏丹、南非、安哥拉、乍得、莫桑比克、尼日利亚、纳米比亚、马里、博茨瓦纳、刚果（金）；南美尚有待开垦耕地 5.7 亿公顷，主要集中在巴西、阿根廷、哥伦比亚和玻利维亚等国。世界热带地区还是种质资源最丰富的地区，生长着 80% 的物种，是巨大的基因库，也是热带作物种业开发不可或缺的基础材料。

目前，在联合国 193 个成员国中从事热带农业的发展中国家有 90 多个。通过热带农业对外合作，扩大热带农业技术输出，可提高发展中国家热带农业生产能力。木薯作为世界第六大粮食作物，是非洲、南美洲等热带地区人口的主粮。我国在“一带一路”沿线国家和地区建立了木薯科技示范基地，并先后为 50 多个国家和地区提供了种质资源及栽培、加工及综合利用等实用技术与服务。椰子、油棕、油茶和油橄榄并称“世界四大木本油料”。我国食用油严重依赖进口，远低于国际安全警戒线。调整油料产业结构，大力发展木本油料，是提高我国食用油自给率的战略举措。我国油棕标准化科研示范基地从无到有，技术支撑了龙头企业走出国门，先后在东南亚、非洲等国家和地区合作发展规模化油棕种植。

通过参与全球热带农业市场竞争，不仅可提高我国热带农业的国际竞争力，还可推动国内热带作物种植业结构的调整。紧紧抓住农业“走出去”战略机遇，充分利用国际国内两种资源和两个市场，对于我国热带农业“走出去”、热带农业对外援助、热带农产品贸易、热带农业技术研发的合作与交流等工作，并不断拓展我国热带农业发展空间均具有重要意义。

二、科技发展概况

世界热区国家总体属于发展中国家，其中 70 个国家属于中、低人类发展水平，热作产业还比较落后，产业基础条件较为薄弱，绝大部分地区还是靠天吃饭，特别是非洲地区，生产方式还比较原始，热带农业科技力量十分薄弱，科技创新能力严重不足。提升热带农业生产能力是这些国家普遍关注的重要发展问题，这些国家对热带农业科技具有强烈的需求。目前，世界上专门从事热带农业科研的机构和组织还比较少，而且科研水平相对不高，热带农业科技对热带作物的科技支撑作用还未完全显示出来。随着热带农业科技的发展和应用，热带农业所具有的巨大潜力将进一步发挥出来。

我国在热带农业科技领域具有深厚的研究基础和先发优势，建立了以中国热带农业科学院为龙头，包括海南省、广西壮族自治区、广东省、云南省、四川省等热区省（区）农业科研机构和高等院校相关科研力量组成的热带农业科技体系。经过 60 多年的不断创新和积淀，我国热带农业科技从无到有，建立了包括天然橡胶、木薯、油棕、剑麻等热带经济作物，香蕉、芒果、荔枝、菠萝等热带水果，香草兰、胡椒、咖啡、可可等热带香辛饮料作物与热带药用植物等在内的作物育种、栽培、植保、加工、废弃物综合利用以及农机装备等为重点的学科体系和研究领域，从以跟踪为主转向跟踪和并跑、领跑并存，热带农业科技创新形成了一批原创性成果，整体处于前列，部分领域达到国际先进，一些技术方向国际领先。

在热作种质资源收集保存方面，已建成了涵盖主要经济作物的部级以上种质资源库（圃）近 30 个，收集保存种质资源 4.9 万余份，其中，在木薯、南药、热带花卉等种质资源收集评价利用等方面处于领跑地位，在橡胶、香蕉、芒果、甘蔗等资源收集评价利用方面处于并行阶段。

在热作基础研究领域，我国已完成天然橡胶、木薯、香蕉B基因组等的测序分析，启动了芒果、椰子基因组计划和木薯蛋白组计划，领先于世界同行；在木薯淀粉高效积累和抗逆的分子机理与调控网络、天然橡胶树高产胶理论和产排胶机理、香蕉和菠萝等果实品质调控及采后衰老机制等方面处于领跑地位。

在育种和种苗繁育方面，整体上处于跟跑阶段，但在天然橡胶杂交育种、香蕉体细胞变异筛选育种，甘蔗、番木瓜、木薯转基因育种等方面处于并行阶段，在橡胶树抗寒育种、橡胶树幼态无性系培育、香蕉组培苗、番木瓜组培苗、菠萝组培苗、芒果航天育种等方面处于领跑阶段。

在栽培管理技术方面，在主要热带作物的精耕细作栽培技术方面处于领先地位；在机械化耕种与收获方面整体处于跟跑状态，但在木薯全程机械化、橡胶园机械施肥等方面处于领先地位；在橡胶树机械割胶、气刺微割技术上处于并跑阶段；在肥水精准管理、种植园信息化、自动化管理方面处于跟跑阶段。

在病虫害防控方面，在香蕉枯萎病综合防控，椰心叶甲、红棕象甲生物防治，橡胶树白粉病精准防治等方面处于领先地位。但整体上我国热作病虫害防治以化学防控为主，与发达国家的应用抗性品种、生物农药、理化诱控为主，化学农药防治为辅的综合防控技术相比，处于跟跑阶段。

在采后处理及加工方面，热带水果采后保鲜整体处于跟跑阶段，但在香蕉索道无伤采收、香蕉加工食品保鲜方面处于领先地位。在加工技术及产品多样化方面，整体处于并跑阶段，但在橡胶木物理改性技术、胡椒绿色加工技术、香草兰生香提取技术、菠萝酶提取技术、椰子油冷榨加工技术、沉香结香和提取技术等方面处于领先地位。

在热带生态循环农业方面，整体处于跟跑阶段，但在橡胶林下种植、果园间套作技术、甘蔗渣纳米材料化技术、木薯和甘蔗废弃物种养蘑菇技术等方面处于领跑地位，在菠萝叶和香蕉茎秆纤维化利用技术等方面处于并行阶段。

在热带牧草和畜牧领域，整体处于并跑阶段，但在狼尾草远缘杂交育种领域处于国际领先地位；热带特色畜禽资源评价利用和选育种方面整体处于跟跑阶段。

在技术标准方面，我国已逐步建立较完善的技术标准体系。截至2016年，我国制定了涵盖主要热带作物栽培技术规程、环境标准、产品标准、加工技术规程、加工品标准等内容的行业标准和国标550余项，整体处于并跑阶段。

仅中国热带农业科学院就创造了1 000多项科技成果，为促进我国热带农业发展，确保产业安全，带动农民增收发挥了重大关键性作用。其中，热带作物种质资源创新利用、高产优质栽培、农机农艺配套和农产品精深加工等领域的研究成果能在国际上发挥重要的支撑引领作用，热带农业因此成为我国对外合作的优势资源，具有巨大的合作需求和广阔的合作空间，世界热区是我国热带农业科技的主战场。

当前，世界热带农业处于传统农业向现代农业过渡阶段，热区各国政治、经济的不同，特别是科学技术水平的差距，决定了世界热带农业多元化发展格局。受热带资源稀缺性的制约，热带农业发展的重点在科技，抢占科技制高点是主导未来热带农业发展方向的关键。需要准确把握全球热带农业发展趋势，在热带农业前沿基础、关键技术、平台条件、人才引培等科技创新关键要素上进行系统设计，着力构筑先发优势，保障国家稀有工业原料和战略物资供给安全，保障优质特色热带农产品有效供给。

三、国际合作情况

热带农业是我国农业的重要组成部分，是生产重要的国家战略物资和日常消费品的产业，在保障国家战略物资和重要工业原料有效供给以及满足人们对美好生活需求方面具有不可替代的作用。随着我国主要热带作物优势生产区基本形成，产业体系不断完善，天然橡胶、木薯、剑麻、香蕉、芒果等重要热作生产面积和产量已进入世界前列，国际地位不断提升，热带农业也成为国际合作交流的前沿阵地，成为我国对外合作的优势资源。通过与东盟、非洲等世界热区国家和地区开展技术援助、人才培训和项目合作等科技交流活动，为世界热区国家和地区农业发展提供实质性的帮助，密切了我国与这些国家和地区的战略合作伙伴关系，受到合作国别和地区的普遍欢迎和高度评价，提升了我国在热带农业领域的国际地位和话语权，为服务国家科技外交做出了贡献。

我国热带农业科技领域的国际合作伙伴不断增多，目前已与联合国粮食及农业组织（FAO）、联合国开发计划署（UNDP）、世界粮食计划署（WFP）、国际原子能机构（IAEA）、国际热带农业研究中心（CIAT）、国际热带农业研究所（IITA）、热带农业研究与高等教育中心（CATIE）、国际橡胶研究与发展委员会（IRRDB）、国际农业与生物科学研究中心（CABI）、国际生物多样性中心（BIOVERSITY）、国际椰子联盟（ICC）等16个国际组织建立了合作关系（图3-1），明确了热带农业合作框架和重点内容；与刚果（布）、莫桑比克、尼日利亚、柬埔寨、泰国、越南、老挝、缅甸、斯里兰卡、澳大利亚、新西兰、密克罗尼西亚、哥斯达黎加、阿根廷、法国、德国等50多个国家和地区科教机构签署了热带农业领域的科技合作协议。

图 3-1 中国热科院与世界粮食计划署签署合作谅解备忘录
（中国热科院国际合作处 供图）

通过科技创新国际合作，我国在热带作物种质资源引进和新品种选育、热带农业新技术国际合作研发等方面取得了显著成效。引进天然橡胶、木薯、热带牧草等热带作物种质资源 3 万份，支撑建设了国家热带植物种质资源库和橡胶、木薯、牧草、芒果、棕榈、香辛料 6 个国家种质资源圃。在引进品种资源的基础上，培（选）育新品种推广应用。选育出适于我国栽培的橡胶新品种 3 个，在北纬 18°～24° 大面积种植；选育出华南系列等 12 个木薯高产新品种，已经在广西壮族自治区、广东省、海南省、云南省等地区良种推广面积 80% 以上；选育热带牧草新品种 25 个，全国推广应用面积达到 3 800 万亩，形成了“北有苜蓿，南有柱花草”的格局。在热带农业领域共获得国际合作奖项 20 多项，包括中国政府友谊奖 5 项，海南省椰岛友谊奖 8 项。与国际热带农业研究中心（CIAT）持续开展了 38 年科技合作，在热作种质资源引进、品种培育、人才培养等方面取得了显著成效，对我国热带农业科技进步和产业发展做出了重要贡献，国际热带农业研究中心（CIAT）也因此获得 2020 年度国家国际科学技术合作奖（图 3-2）。

随着我国经济实力和综合国力的增强，中国—东盟自由贸易区全面启动、中国非洲合作论坛的成功举办、《中国对拉丁美洲和加勒比政策文件》的发布、中国与南太平洋岛国的合作深入推进，中国与世界热区各国（地区）在热带农业方面的合作与交流平台已全面搭建，中国热带农业利用“两种资源，两个市场”、实施“走出去”战略

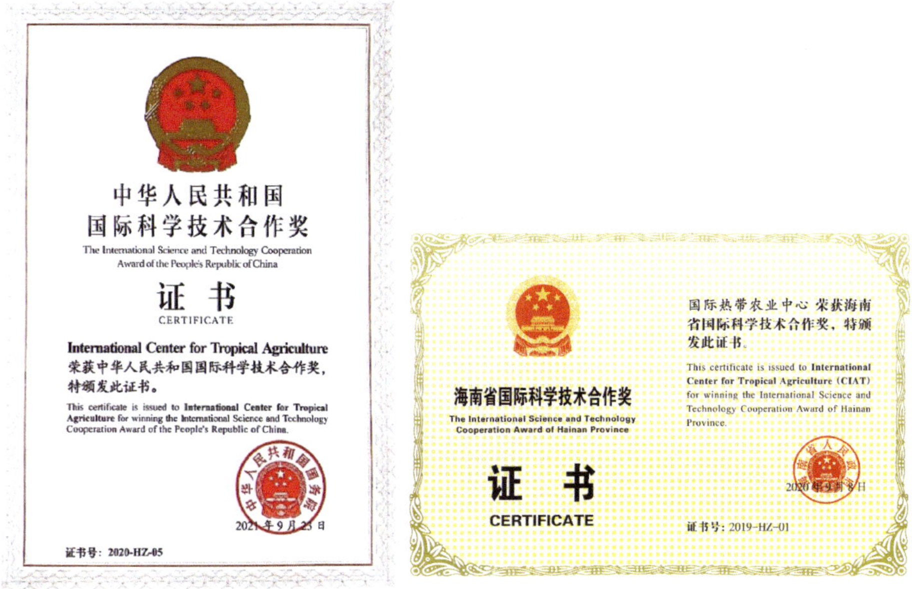

图 3-2　国际热带农业中心先后获得海南省国际科学技术合作奖、中国国际科学技术合作奖
（中国热科院国际合作处　供图）

具备了坚实的基础。热带农业科研单位充分发挥我国在热带农业的优势，加强与东南亚、非洲、南美、南太平洋等境外热区的科技合作与交流，推进熟化技术成果的境外转化，为相关国家（地区）的经济发展贡献力量，进一步密切了与世界热区国家（地区）的战略合作关系，更好地服务国家科技外交。

中国热科院实施“引进来、走出去”战略，积极搭建对外合作与交流平台，开展援外技术培训和协助国内企业实施国外资源开发，积极服务国家外交战略。自 2004 年开始至今共承担了商务部、农业部（现农业农村部）等委托的热带农业援外技术培训班 100 多期，培训了 100 多个热区国家（地区）的 4 000 多位学员，为我国培养了一大批亲华友华的国际人力资源；派出专家到国外执行热带农业援助项目 100 多人次；引进国外先进技术 600 多项，热带作物种质资源 3 万多份；技术支撑 10 多家重点涉农企业走出去，拓展我国资源空间；2007 年承担了援建刚果（布）农业技术示范中心项目，获得良好社会效益。

近 10 年来与我国新建交国家如冈比亚、萨尔瓦多、基里巴斯、巴拿马、多米尼加等都是热带国家，国家对发展中国家做出的农业援助承诺涉及椰子、椰枣、水稻、农机等都与热作相关。中国热科院都在第一时间响应国家任务需求，派出专家承担相应的任务，落实国家承诺，开展了示范中心承建、农业发展规划编制、农业专家派遣和技术人才培训等一系列工作（图 3-3、图 3-4、图 3-5）。热区各省（区）农业相关部门、科研院所和高校也根据本地的需要和技术优势，与相应国家开展了科技合作或科技援助活动。通过热带农业这条纽带，有效地巩固和深化了双边关系。

图 3-3　赴萨尔瓦多开展农业综合考察
（中国热科院国际合作处　供图）

图 3-4　为基里巴斯举办椰子综合加工线上培训
（中国热科院国际合作处　供图）

图 3-5　向非洲机构和学员赠送实用技术图书
（中国热科院国际合作处　供图）

第四章
我国热带农业对非洲技术合作

中国是世界上最大的发展中国家，非洲是发展中国家最集中的大陆，中非早已结成休戚与共的命运共同体。中国对非洲农业援助横跨60余载，历经单向无偿援助的早期起步阶段，到无偿援助为主，技术合作、代管经营、租赁经营等方式为辅的合作探索阶段，再到2000年中非合作论坛成立后，中国农业援非进入技术输出和合作开发的新阶段（赵文，2017）。虽然在国家整体援非框架中农业援助所占比重相对较少，且起步也较晚，但因其受众面广、门槛低、对第一产业推动效果明显等特点，中国对非洲农业援助得到了受援国的广泛认可和支持。中非合作论坛是南南合作的新发展，是新兴大国中国与发展中国家集中的非洲大陆之间加强互利合作的重要平台和有效机制，这一合作机制体现出独特的中非合作模式。在中非合作论坛的框架下，中国与非洲正在推动建设新型战略伙伴关系，有利于中国与广大发展中国家一起携手共建和谐世界。农业是中非合作优先发展领域，通过互利合作帮助非洲国家把资源优势转化为发展优势，实现农业可持续发展是构建更加紧密的“中非命运共同体”伟大构想的重要支柱。

非洲大陆东部、北部地区农业资源丰富，具有广阔的未开发土地和丰富的可利用水资源（占全球水资源的9%），农地资源占全球的21.07%，其中可耕地面积1.091亿公顷。同时，非洲的生态条件多样，适合多样性农业生产，农业生产潜力巨大。但非洲农业生产技术和管理技术十分落后，饥饿和贫困等粮食安全问题仍是非洲国家面临的主要问题之一。据FAO数据，2018年非洲处于高度粮食不安全境地的人口比例为21.5%，显著高于世界9.2%的平均水平。非洲的农业生产力几乎处于停滞状态，其水平仅为亚洲和拉丁美洲的1/3。加强中非热带农业合作，进一步发挥我国的技术优势和非洲的资源优势，有利于推动区域内热带农业资源的合理有效利用和热带农产品市场的融合，促进技术转让，提高农业生产能力，提升“一带一路”国家粮食安全保障水平和提高农户经济收入。

一、总体合作

科技是第一生产力，热带农业科技是热带农业现代化发展的重要支撑。以中国热科院为代表的热带农业科研机构与非洲国家相关农业研发机构建立了紧密的合作关系，先后与莫桑比克腰果研究院，科特迪瓦国家农业研究中心，尼日利亚油棕研究所，科摩罗农业科学院，刚果（布）科技创新研究中心，桑给巴尔农业、自然资源、畜牧与渔业部，卢旺达农业与畜牧业发展委员会、赞比亚发展署、赞比亚农业研究院等签署了合作谅解备忘录15份，共同开展热带农业科技攻关和关键技术研发，重点在木薯花叶病防控及腰果、油棕、可可、咖啡等重要热带作物新品种选育和栽培技术本土化等领域开展合作研究，开展非洲农业产业发展规划研究等。2017年，中国热科院与科特迪瓦国家农业研究中心的热带农业科技合作纳入中非农业科研机构“10+10”合作机制，双方将联合开展重要热带作物种质资源评价利用、高效种植、特色产品加工和技术培训与示范，实现双方技术和资源优势互补。通过合作研发，围绕木薯、橡胶、油棕、腰果、咖啡等重要热带作物的品种选育、栽培和加工技术本土化等开展联合研究，开发出适用品种和技术200多项。这既提高了非洲国家的原始创新能力，又使中国热带农业技术和成果本土化，促进了非洲国家农业生产水平的提升。

为带动非洲热带农业发展，中国热科院在刚果（布）、尼日利亚、莫桑比克等建设了农业试验示范基地，并在木薯高产栽培、原产地加工方面发挥了显著的示范效应。在刚果（布）示范种植的华南5号木薯每公顷产量达到51吨，是当地产量的5.6倍。示范建立的首条木薯食品自动化生产线，可批量生产高品质木薯全粉和食品，促进了当地木薯价值链的提升。

为提高非洲国家热带农业生产技术水平，中国热科院有针对性地开展了技术培训和技术指导，已为40多个非洲国家培训了1 300多名学员，培训主题包括热带农业新技术，天然橡胶、香蕉、木薯、玉米、腰果及香辛饮料作物生产及价值链提升等，同时还为非洲青年科学家来华合作研究和留学提供条件；先后向塞拉利昂、冈比亚、科摩罗等非洲11个国家派出专家88人次，为非洲国家培养了大批热带农业技术人才。

在科技支撑中国企业到非洲合作发展热带农业生产方面，中国热科院发挥技术和人才优势，积极为国内到非洲发展农业生产的企业或非洲本地农业企业提供项目规划和技术服务，通过“政府＋科技＋企业”模式帮助非洲国家提升热带农业产能，增加当地农民收入。近年来，中国热科院多次派遣专家为中地海外建设集团有限公司、绿色农业西非有限公司、中地国际工程公司刚果（布）分公司、中国路桥工程有限责任公司、中兴通讯股份有限公司、海南农垦集团、广东农垦集团等企业在非洲发展热带农业项目提供技术支撑，利用中国的技术和资金优势建立农业基地，帮助非洲国家增加粮食生产和供应。

二、国别合作

（一）刚果（布）

中国热科院与刚果（布）的合作，围绕援刚果（布）农业技术示范中心展开。

1. 协议签署

2008 年 5 月，中国热科院与刚果（布）农牧渔业部签署《援刚果（布）农业技术示范中心项目考察和设计合同》（图 4-1）。2012 年 9 月，中国热科院与刚果（布）科学技术研究评审总局签署科技合作协议。2015 年 5 月，中国热科院品资所与刚果（布）农牧渔业部签署《农业技术示范中心商业运营合作协议》。2015 年 5 月，中国热科院与刚果（布）农牧渔业部签署了《中国热科院刚果（布）农业试验站合作框架协议》。

图 4-1　2008 年中国热科院与刚果（布）农牧渔业部签署《援刚果（布）农业技术示范中心项目考察和设计合同》
（中国热科院国际合作处　供图）

2. 交流访问

2014 年 12 月，刚果（布）驻广州总领事馆 BOLO 总领事一行 3 人到访中国热科院，寻求进一步合作。

2015 年 6—7 月，刚果（布）农牧渔业部部长一行 3 人对中国热科院进行友好访问。

中国热科院专家 2015—2019 年多次赴刚果（布）执行对外合作项目任务，扩大蔬菜和木薯优良品种种植面积、改善蔬菜设施大棚现状与喷灌设施、改善木薯大田灌溉系统、部署木薯加工车间建设和开展木薯加工副产物处理方案设计，考察木薯产业化种植区环境，推进示范中心商业化运营进度，促进中国热科院与刚果（布）农牧渔业部之间的合作关系、保障示范中心建设的可持续性。

2019 年 12 月，刚果（布）国务部长暨农牧渔业部部长亨利·琼博先生受邀参加首届中非农业合作论坛期间，到中国热科院参观访问（图 4-2），并与中国热科院香饮所就深化合作开展座谈交流。

图 4-2　2019 年 12 月刚果（布）农牧渔业部部长到访香饮所
（中国热科院国际合作处　供图）

3. 平台建设

根据中国政府 2006 年中非合作论坛北京峰会提出的援非八项举措，中国政府承诺援建刚果（布）农业技术示范中心，经农业农村部推荐，商务部将该任务交由中国热科院承担。项目建设地点选定在原贡贝农场，项目用地总面积 59 公顷，基本建设投资近 4 000 万元人民币。示范中心的宗旨是促进双方在农业方面的合作和交流，提升农业技术水平、提高农产品品种数量和产量、降低粮食生产成本、增加农民收入和减少贫困。

2008 年 5 月 1 日，中国驻刚果（布）大使李树立与刚果（布）农牧渔业部部长里戈伯尔 · 马布恩杜（Rigobert Maboundou）签署了《中华人民共和国政府和刚果共和国政府关于中国援助刚果建设农业技术示范中心合作议定书》。建成后的农业技术示范中心（图 4-3）将具备试验研究、示范种植、养殖、产品加工、技术培训等多种功能，提高刚果（布）农业开发和可持续发展能力。示范中心于 2011 年 3 月完成基础设施建设，2012 年 1 月双方进入技术合作期，2012 年 9 月，两国政府高层为示范中心揭牌，2015 年 1 月示范中心进入商业化运营期。

图 4-3　建成的中国援刚果（布）农业技术示范中心
（中国热科院国际合作处　供图）

根据农业部国际合作司农外亚函〔2014〕206 号批示，原则同意中国热科院与刚果（布）农牧业部签署《中国热科院刚果（布）农业试验站合作框架协议》。2015 年 5 月，在援刚果（布）农业技术示范中心基础上，中国热带农业科学院—刚果（布）农业试验站挂牌成立（图 4-4）。

图 4-4　农业试验站揭牌
（中国热科院国际合作处　供图）

（1）功能定位

示范中心旨在促进中刚双方合作与交流，提升农业技术水平、提高农产品产量和多样化、降低粮食生产成本、增加农民收入和减少贫困。示范中心具备试验研究、示范种植、养殖、产品加工、技术培训等多种功能，实现农业开发和可持续发展。

（2）重点任务

示范中心技术合作期从 2012 年 1 月 1 日开始，到 2014 年 12 月 31 日结束，为期 3 年，经费为 1 375 万元。此期间共派出专家 15 名，开展了木薯、蔬菜和玉米试验种植和蛋鸡养殖、示范，进行了品种和技术推广，取得了很好的经济效益和社会效益，为示范中心可持续发展奠定了良好基础。

- 木薯项目

3 年时间，筛选出抗病高产品种 1 个、高抗病品种 1 个，开展木薯试验、示范（图 4-5）、品种扩繁面积 200 多亩，其中抗病高产品种 K-265 种植 100 多亩。建立木薯种质圃，开展种质资源收集、调查，保存了国内外 20 份木薯种质，为品种选育奠定了基础。完成刚果（布）三省农业发展项目，该项目经费由联合国发展基金委资助，共 425 万中非法郎（折合人民币约 5.3 万元）。联合国发展基金委提供 7 500 株木薯组培苗，由示范中心负责种植，项目结束时提供全部木薯种苗。项目的成功开展与顺利结题，表明示范中心的木薯种植技术得到了相关国际组织和刚果（布）农牧业部的高度肯定。

图 4-5　在刚果（布）农业技术示范中心开展木薯试验示范
（中国热科院品资所　供图）

- 蔬菜和玉米项目

3 年技术合作期间，蔬菜种植用地面积 30 亩。其中，蔬菜连栋大棚一个 2.5 亩；简易大棚 29 个，总面积 10 亩；露天用地 17.5 亩，全部实行轮作倒茬耕作制度（图 4-6）。灌溉采用滴、喷灌，每年蔬菜种植面积约 120 亩（包括轮作面积），3 年合计 360 亩。示范中心充分利用自身设施大棚和滴喷灌技术，开展了大量富有特色的种植试验和生产，形成了示范中心对外展示的亮点。由于特点鲜明、成果显著，示范中心几乎每天都会迎来各地的参观者，取得了很好的社会效益和经济效益。开展了甜玉米品种比较试验，参试品种分别为粤甜 13 号、粤甜 16 号、鲜玉糯 4 号和优珍。初步综合考评发现，优珍适于在刚果（布）布拉柴维尔地区种植。

图 4-6 在刚果（布）农业技术示范中心开展蔬菜试验示范
（中国热科院热品资所 供图）

- 大豆和牧草引种试验

大豆的引种试验与大田种植比较成功。大豆是很好的倒茬作物，含有根瘤菌，可以培肥地力，自身需要肥料较少，投入产出比高。大豆是饲料的主要原材料之一，约占 25%，刚果（布）豆粕需要大量进口。因此，2014 年从国内引种了 6 个大豆品种，以 H6 大豆品种表现突出，亩产达到 270 千克，接近国内水平，适合大面积推广。

- 畜禽养殖项目

3 年技术合作期累计购进雏鸡 7 批次，共计 14 000 多羽。高峰期，产蛋率达到 90% 以上，经济效益良好。用蛋鸡为母本，当地土公鸡为父本，通过人工授精技术，孵化率达到 87.5%。这个成果来之不易，因为孵化期间示范中心几乎每天停电，最长停电时间达到 4 小时。技术合作期共购买仔猪 450 头，出栏生猪 160 头，基本保证市场供应。

- 培训项目

根据刚方农牧渔业部安排，示范中心共举办 11 期培训班（图 4-7、图 4-8、图 4-9），其中，木薯 4 期、蔬菜 2 期、玉米 2 期、养殖 1 期、农业机械 2 期，培训学员 622 名，超额完成了预期目标，取得了很好的社会效益。经跟踪调查，学员在生产实践中较好地运用了所学技术，创造了良好的经济效益。刚方农牧业部领导对每期培训班都给予高度关注和大力支持。

图 4-7　培训班合影
（中国热科院国际合作处　供图）

图 4-8　培训实践
（中国热科院品资所　供图）

图 4-9　学员展示中国热科院菠萝叶产品
（中国热科院品资所　供图）

示范中心于 2015 年 1 月 1 日进入商业化运营期，当时入驻企业 2 家，即湖南怀化鸿大禽业有限公司和天津市枫雪天商贸有限公司，分别从事蛋鸡、生猪养殖和蔬菜产业开发。由于国际原油价格下行，刚果（布）一直以来依赖原油出口型经济遭受重创，经济持续低迷，企业投资回报率低甚至亏本。为了保障示范中心公益职能可持续发展，2017 年以来，中国热科院通过积极申报农业部（现农业农村部）和商务部项目，开展了一系列卓有成效的工作。

（3）成果产出

获批商务部援外培训班等项目 5 项，总经费 400 多万元；发表研究论文 8 篇；出版热带农业"走出去"实用技术系列丛书 1 套，共 16 册，内容涵盖木薯、蔬菜、玉米、腰果、橡胶、椰子、水稻、柱花草、香草兰、蛋鸡、肉鸡、油棕、剑麻等，丛书获 2018—2019 年度神农中华农业科技奖科学普及奖。

（4）可持续发展思路

根据中刚两国议定书，示范中心由中国热科院运营 15 年，即 2012—2026 年。根据示范中心现状，提出计划如下：①积极引进企业，逐步实现商业化可持续发展；②以木薯优良品种种植为基础，积极开展木薯小食品加工试验示范；③积极申报项目，以设施大棚为基地，试验种植高端蔬菜品种；④通过"一带一路"项目，逐步建设香蕉、芒果、菠萝等试验示范基地；⑤积极申报项目，以现有蛋鸡养殖基地为基础，开展蛋种鸡养殖试验，逐步解决当地鸡苗依赖进口的现状。

示范中心的基础设施建设于2011年3月完工，设备于2011年底运抵刚果（布）。由于时间长，有些设施设备已经老化，需要修缮或淘汰。由于经费不足，示范中心面临较大困难。刚果（布）经济下行，工作和生活存在一定困难，外派专家难度较大。下一步建议充分利用中国热科院刚果（布）农业试验站平台，增加示范中心项目投入，鼓励更多科研人员进入示范中心开展科研工作。

（二）尼日利亚

1. 协议签署

2008年12月，中国热科院与尼日利亚农业和水资源部签署了中国—尼日利亚木薯研究中心合作谅解备忘录。该备忘录是在品资所与对方原有的合作协议基础上签署的，旨在木薯工业发展上建立良好的伙伴关系。

2014年4月，中国热科院椰子所与尼日利亚油棕研究所签署热带油料作物科技合作谅解备忘录。

2016年6月，中国热科院与位于尼日利亚的国际热带农业研究所（IITA）续签合作协议（图4-10）。

图4-10 中国热科院与国际热带农业研究所、中非绿色农业发展研究中心签署三方合作协议
（中国热科院国际合作处 供图）

2. 交流访问

2011 年 6 月，农业部张桃林副部长一行赴尼日利亚考察了中尼木薯中心和国际热带农业研究所木薯试验站基地，详细了解中国热科院在尼日利亚开展的木薯合作情况，并对中国热科院在与尼日利亚交流与合作中做出的贡献给予高度的肯定。

2012 年 2 月，尼日利亚农业部农村发展司司长一行 6 人到中国热科院考察交流。

2014 年 4 月，尼日利亚油棕研究所所长应邀到中国热科院椰子所开展交流访问，双方就如何开展热带油料作物方面的合作开展交流。

2016 年 6 月，尼日利亚油棕研究所（NIFOR）所长一行应邀到中国热科院椰子所洽谈科技合作并做了专题报告。

2017 年，热科院专家访问考察了尼日利亚油棕研究所（NIFOR），2018 年赴尼日利亚执行热带农业对外合作试验站建设和农业“走出去”企业外籍管理人员培训项目，与“国际热带农业研究所（International Institute of Tropical Agriculture，IITA）阿布贾试验站”和绿色农业西非有限公司（Green Agriculture West Africa Limited，GAWAL）开展交流（图 4-11、图 4-12）。

图 4-11 榨油作坊（脱果）
（中国热科院椰子所 供图）

图 4-12 考察 IITA 阿布贾试验站
（中国热科院品资所 供图）

3. 平台建设

为支撑中地海外农业发展有限公司在尼日利亚首都阿布贾的“中地海外农业阿布贾高科技产业园”规划建设工作，加强中国热科院与尼日利亚相关政府部门、科教机构、企业和农业组织之间的农业科技国际合作与交流，2016 年 3 月，在中地海外农业发展有限公司驻尼日利亚阿布贾全资子公司西非农业绿色有限公司挂牌成立了“中国热科院热带作物品种资源研究所阿布贾现代农业示范基地”（图 4-13）。

图 4-13 中国热科院热带作物品种资源研究所阿布贾现代农业示范基地揭牌
（中国热科院品资所 供图）

（1）功能定位

平台功能主要包括：①与企业紧密合作，发挥品资所资源优势，精心规划，建设高科技产业园；②依托高科技产业园，开展热带农业技术合作，帮助企业更好地“走出去”，助力“一带一路”建设；③根据项目需要，开展热带农业技术培训，推广先进适用的热带农业技术；④在西非打造一个新基地，扩大中国热科院在非洲的影响，为建设热科院尼日利亚试验站做好前期工作。

示范基地第一期建设内容为建设一个小型木薯粉加工厂，建设一个辣椒新品种新技术示范基地，完善技术培训设施设备。基地主要发挥着技术支撑、技术培训、国际合作等功能。示范基地合作单位西非农业绿色有限公司负责示范基地具体事务、外方联络和技术培训前端工作。

（2）重点任务

一是举办培训班。2018 年 8 月 31 日至 9 月 6 日，品资所木薯与蔬菜专家赴尼日利亚，与中地海外绿色农业西非有限公司合作，共同举办木薯加工与辣椒栽培技术培训班，培训学员 100 多人。培训班采用课堂授课和实践操作相结合的方式。实践课上，木薯专家现场展示了木薯年糕、木薯煎饼等木薯食品制作方法（图 4-14），蔬菜专家实地演示了辣椒育苗技术，学员们亲自动手，体验和学习相关技术。培训效果显著，得到了中地海外绿色农业西非有限公司和培训班学员的充分肯定，尼日利亚《卫报》《sundiate 邮报》《尼日利亚之声》等多家当地媒体对培训班进行了采访和报道，为未来课题成果转化推广奠定了良好基础。

图 4-14　木薯加工技术指导

（王金辉　供图）

二是与中地海外下属的绿色农业西非有限公司合作，共同开展海南省国际合作项目“木薯粉小型清洁生产关键技术集成与应用示范研究”“抗病丰产辣椒安全高效栽培技术研究与示范”，项目经费分别为95万元和50万元，为期两年。依托项目，建立了日产1吨木薯粉的生产线1条，建立了食用木薯高产示范基地和辣椒新品种示范种植基地各10亩，筛选出适合当地种植辣椒新品种5个。建立日产1吨木薯粉生产线1条、食用木薯高产示范基地10亩。

（3）可持续发展思路

根据合作企业与尼日利亚农业实际及示范基地现有工作基础，下一步合作计划包括：①以现有木薯粉加工设备和木薯优良品种种植为基础，引导企业积极开展木薯小食品加工试验；②与企业合作，积极申报项目，向示范基地派出专家，进行技术指导和技术培训；③与企业合作在当地进行辣椒新品种及配套栽培技术示范与推广工作，向当地市场推广优质辣椒新产品；④增加示范基地项目投入，鼓励更多的科研人员进入示范基地开展科研工作。

（三）坦桑尼亚

1. 协议签署

2013年5月，中国热科院品资所与坦桑尼亚农业研究所签订执行科技援助项目的合作谅解备忘录“Memorandum of Understanding Between TCGRI-CATAS and NARI”。

2018年12月，中国热科院与坦桑尼亚桑给巴尔农业、自然资源、畜牧与渔业部签署热带农业科技合作意向书，海南省政协副主席史贻云见签（图4-15）。

图4-15 签署合作意向书
（中国热科院国际合作处 供图）

2019 年 12 月，中国热科院环植所与坦桑尼亚农科院剑麻研究所签署科技合作协议。

2. 交流访问

2014 年 6 月，坦桑尼亚农业研究所（NARI）所长和腰果首席专家到访中国热科院品资所，双方就进一步开展广泛合作进行座谈。

2016 年中国热科院专家到赴坦桑尼亚执行“剑麻品种选育技术示范推广”任务，与坦桑尼亚剑麻协会、剑麻农场主协会交流，详细了解了坦桑尼亚剑麻产业基本情况，为开展切实可行的剑麻产业科研合作打下了基础。中国热科院专家调研了中非农投坦桑尼亚公司剑麻农场，现场为其指导生产，并针对技术方面的问题提出了具体的建议（图 4-16）。

图 4-16　在中非农投坦桑尼亚公司剑麻农场调研
（中国热科院环植所　供图）

2018 年 1 月，坦桑尼亚驻华大使姆贝尔瓦·凯鲁基先生一行，到中国热科院儋州院区参观考察木薯科研生产示范基地，并就中坦木薯科研生产合作与国家木薯产业技术体系科学家座谈交流（图 4-17）。

图 4-17 坦桑尼亚驻华大使在中国热科院参观访问
（中国热科院环植所 供图）

3. 平台建设

2013—2014 年，中国热科院承担了科技部对发展中国家科技援助项目“中国—坦桑尼亚腰果联合研究中心建设”，与坦桑尼亚农业研究所（NARI）开展合作并签署合作谅解备忘录，共同建立了腰果联合研究平台，在坦桑尼亚开展了一系列腰果技术援助活动及联合研究。开展了坦桑尼亚腰果病虫害调查和种类鉴定，腰果品系农艺性状和经济性状评价，腰果品系抗病性评价和白粉病、叶果回枯病和茶角盲蝽等化学防治研究等技术援助工作（图 4-18）。联合发表研究论文 2 篇，合作出版专著 3 部，研发了腰果数据库软件。举办了技术培训班 5 期，累计培训人数 147 人次，培训内容包括腰果病虫害综合防治技术、腰果施肥技术、腰果高产栽培与加工技术等，并编写英文培训教材 8 部。合作建立了 44 公顷试验示范基地，技术示范推广面积 1 万公顷。推广中方腰果病虫害防控及栽培技术，推动了我国腰果技术向坦桑尼亚“走出去”，促进了坦桑尼亚腰果产业健康发展。

图 4-18 指导坦桑尼亚村民腰果病虫害防控技术
（中国热科院品资所 供图）

（四）莫桑比克

1. 协议签署

2010 年 8 月，中国热科院与莫桑比克腰果研究院在莫桑比克的首都马普托签署科技合作协议，内容包括种质交换、技术交流、科技人员互访与交流、共建合作项目基地等。

2014 年 8 月，中国热科院与莫桑比克农业科学院（IIAM）签署科技合作谅解备忘录（图 4-19）。

2. 交流访问

2014 年 8 月，莫桑比克农业科学院（IIAM）院长一行到访中国热科院参观考察并商谈合作（图 4-20）。

中国热科院专家团于 2017 年、2018 年、2019 年组赴莫桑比克执行农业部（现农业农村部）国际合作与交流任务，与莫桑比克农业科学院东北区域研究所和莫桑比克腰果研究所等科研机构开展学术交流，并对莫桑比克腰果和芒果农户举办了技术培训，进一步巩固“中国热科院莫桑比克农业试验站”合作平台，为莫桑比克热作产业提供技术支持。

图 4-19　中国热科院与莫桑比克农业科学院签署合作谅解备忘录
（中国热科院国际合作处　供图）

图 4-20　莫桑比克腰果研究院院长一行到访中国热科院
（中国热科院国际合作处　供图）

3. 平台建设

腰果是莫桑比克重要出口创汇作物，也是莫桑比克约 150 万腰果农户的主要经济来源。为了提升腰果生产力，莫桑比克政府提出了改善腰果研究的莫桑比克农业行业发展战略计划（PEDSA），同时与腰果行业总计划（2011—2020 年）的目标互相呼应，把腰果纳入国家战略性作物。2005 年和 2006 年，中国热科院与农业部农业科技推广中心合作，在海南举办了 2 期莫桑比克腰果病虫害综合防治技术培训班，培训了来自莫桑比克腰果研究院的腰果技术人员 28 人，拉开了中莫腰果科技合作的序幕。为了更好地开展腰果科技合作，2005 年、2010 年、2014 年和 2019 年，中国热科院和莫桑比克腰果研究院、莫桑比克农业科学院等签订了多个科技合作协议。在此基础上，2010—2012 年，中国热科院品资所、莫桑比克农业科学院东北区域研究所和莫桑比克腰果研究院 3 家单位合作执行了科技部对发展中国家科技援助项目“莫桑比克腰果病虫害防治技术示范”和“莫桑比克腰果抗病种质筛选及高产栽培技术示范”，取得了丰硕的合作成果。基于上述合作，2017—2019 年，在农业部（现农业农村部）国际合作与交流项目的支持下，依托前期建立的腰果科技国际合作平台，双方开始了“中国热带农业科学院－莫桑比克农业试验站”的建设，前期主要合作研究作物包括腰果和芒果。2018 年 10 月，中国热科院品资所负责建设的“中国热带农业科学院－莫桑比克农业试验站”揭牌，为进一步推动双方在热作科技开展合作交流奠定了坚实的基础（图 4-21）。

图 4-21　中国热带农业科学院－莫桑比克农业试验站揭牌
（中国热科院品资所　供图）

（1）功能定位

农业试验站主要以莫桑比克北部省份楠普拉为主要合作地点，以腰果和芒果等热带作物技术合作为重点，以期建成一个集热带作物科技合作研发、技术示范、培训与推广为一体的农业试验站。依托该试验站，中国热科院将引进中国热作农业科技，与莫桑比克相关研究单位在莫桑比克进行联合研究和示范推广，研发和集成适合莫桑比克当地的热作科技，并辐射推广到非洲其他国家，促进我国与非洲热作科技合作与交流，服务我国“一带一路”倡议。目前，试验站有中方负责人 1 名，莫方负责人 1 名，中方技术人员 4 名，莫方技术人员 6 名。

（2）重点任务

- 腰果、芒果等病虫害调查与防控

病虫害是影响莫桑比克腰果、芒果等产业的重要因素，但这些病虫害种类还未能得到准确识别鉴定，进而影响其防控。中方专家联合莫方专家在腰果、芒果等产区开展普查，在莫桑比克腰果主产区开展莫腰果病虫害种类调查与鉴定，制定莫桑比克腰果病虫害名录，并依托莫桑比克本地具有的生产资料，针对重要病虫害开展综合防控技术研发（图 4-22）。

图 4-22　指导莫桑比克技术人员病虫害种类鉴定技术
（中国热科院品资所　供图）

• 热带作物高效栽培技术研发

通过引进中方成熟的腰果、芒果等栽培技术，结合莫桑比克当地情况，从栽培品种选育、苗木繁殖、果园管理、重要病虫害综合防治等多个方面进行研发和示范推广，集成适宜莫桑比克实际需求的腰果、芒果等高效栽培技术（图 4-23）。

图 4-23 田间实训芒果修剪技术
（中国热科院品资所 供图）

• 试验示范基地建设

依托莫桑比克楠普拉 NASSURUMA 研究中心建立的试验示范基地，中方专家将引入腰果、芒果先进栽培技术，建立试验示范基地，推广中国技术，并为莫桑比克科技人员和农户举办技术培训班，解决莫桑比克腰果、芒果在生产上存在的问题，促进当地热作产业发展。

（3）成果产出

获批科技部对发展中国家科技援助、农业农村部农业国际交流与合作等项目 3 项，总经费 212 万元。与莫农科院合作建立了 46.96 公顷试验示范基地，筛选了抗病种质 6 个，研制了腰果种质资源数据库 1 个，发现了腰果角盲蝽，包括棉角盲蝽，安氏角盲蝽两个种是为害莫桑比克腰果生产的重要害虫，发表《莫桑比克腰果病虫害种类及其防治》等研究论文 7 篇，出版专著《莫桑比克腰果病虫害》。对重要腰果病虫害控制率达到 90% 以上，亩产提高约 15%。

通过项目执行，在莫桑比克举办腰果栽培与病虫害防治等技术培训班 4 期，培训了莫桑比克腰果研究院（INCAJU）、莫桑比克农业科学院（IIAM）腰果研究人员、腰果农户代表 171 人次，莫桑比克楠普拉省、伊扬巴内省广播电台对培训班进行了报道。与莫桑比克腰果研究院合作，在莫桑比克腰果研究院楠普拉省代表处，建立了试验基地 40 余公顷，已成为楠普拉省高等院校的大学生实习基地。

（4）可持续发展思路

一是加强双方联系。中莫专家通过电子邮件等渠道，保持沟通，对现在合作的各项研究内容进行交流，就基地建设各项事宜进行探讨。二是执行好现有项目。依托现有农业国际交流与合作项目，继续做好腰果、芒果等试验示范基地建设，并与莫方科技人员开展科技联合研发。三是积极联合申报国际合作项目。联合莫桑比克相关科研机构开展热带作物科技研发，争取项目经费支持，促进平台可持续发展。

（五）科特迪瓦

1. 协议签署

2010 年 8 月，中国热科院与科特迪瓦国家农业研究中心签署了“热带农业科技合作协议书”，将在动植物遗传与防治、环境保护和有机废物管理、农业生物技术、农产品加工、农业食品质量安全监测、农业经济和农村发展等领域开展合作交流，建立了联合工作小组。2016 年 1 月 15 日，科特迪瓦国家农业研究中心通过科特迪瓦驻华大使馆来函，希望进一步加强合作。2017 年 12 月，由农业部与海南省人民政府主办的第四届中非农业合作研讨会在海口召开，会上，中国热科院与科特迪瓦国家农业研究中心签署了合作协议（图 4-24）。双方将在动植物资源改良、环境保护和有机废物管理、农业生物技术、农产品加工、农业食品质量安全、农业经济和农村发展、现代热带农业技术研究与开发等方面开展合作。具体围绕气候变化、生物能源、基因改良（橡胶、咖啡、木薯、可可、油棕、甘蔗）、农业分子设计、虫害和疾病的检测和鉴定、信息技术、动物饲料、生物技术在种子生产方面的应用、利用菠萝和甘蔗废弃物提高其纤维生产技术、香蕉和大蕉种植技术转移、水果加工、生物虫害控制等协同攻关。

图 4-24　中国热科院与科特迪瓦国家农业研究中心签署合作协议
（中国热科院国际合作处　供图）

2. 交流访问

2010 年 1 月 15—31 日，科特迪瓦国家农业研究中心橡胶植保专家在中国热科院开展橡胶树桑寄生和热带作物根病防治技术的合作研究。

2018 年 3 月，科特迪瓦驻华大使阿达马・多索先生一行 2 人到中国热科院参观访问，希望与中国热科院在农产品加工领域加强合作，增加农产品附加值（图 4-25）。

图 4-25　科特迪瓦驻华大使到中国热科院参观交流
（中国热科院国际合作处　供图）

2018 年热科院专家团组赴科特迪瓦执行热带作物资源调查评价任务，与科特迪瓦国家农业研究中心科技人员一起赴迪沃（Divo）、达布（Dabou）、梅姆尼（Memni）地区联合开展可可和咖啡等农业资源及农业生产现状调研（图 4-26），了解科方可可、咖啡在资源保存利用、种植栽培、产品初加工等领域的研究进展。

图 4-26　可可种植园考察
（中国热科院香饮所　供图）

（六）科摩罗

1. 协议签署

2011 年 12 月，中国热科院刘国道副院长一行赴科摩罗联盟进行专业考察，受到了科摩罗联盟副总统伊迪·纳杜瓦姆（Idi Nadhoim）的接见，并与科摩罗联盟农业科学院签署合作备忘录（图 4-27）。科方对我国农业专家在当地的工作给予了高度评价，并希望中国在农业技术方面继续给予支持，在当地建立农业技术示范点，示范推广中国先进的农业技术，提高当地农业生产水平。

图 4-27 中国热科院与科摩罗联盟农业科学院签署合作备忘录
（中国热科院国际合作处 供图）

2. 交流访问

2012 年 8 月，科摩罗联盟大科摩罗岛省省长穆尼巴拉卡、科摩罗联盟驻华大使默罕穆德阿布德等一行访问中国热科院，对我国木薯的成就表现出极大的兴趣，他希望中方派遣木薯专家到科摩罗联盟大科摩罗岛省指导木薯产业发展。

2013 年 11 月，科摩罗联盟驻华大使在出席中非合作圆桌会议期间专程到中国热科院香饮所参观考察并洽谈国际合作（图 4-28）。科摩罗联盟驻华大使对中国热科院与科摩罗的农业合作项目高度重视，表示将推动国际合作项目的立项与实施，并希望中国热科院专家到科摩罗开展农业援助项目。

图 4-28 科摩罗驻华大使到访中国热科院香饮所
（中国热科院香饮所 供图）

（七）卢旺达

1. 协议签署

2018 年，在中国海南举办的首届中非热带农业科技合作论坛上，中国热科院与卢旺达农业与畜牧业发展委员会共同签署热带农业科技合作协议（图 4-29），双方就加强热带农业能力建设、技术转移转化等达成合作共识。

图 4-29 中国热科院与卢旺达农业与畜牧业发展委员会签署合作协议
（中国热科院国际合作处 供图）

2. 交流访问

2015 年，在第十六届非洲国家驻华大使巡讲活动海南站期间，卢旺达驻华大使访问了中国热科院香饮所，希望加强热带农业科技合作（图 4-30）。

图 4-30 卢旺达驻华大使 Charles Kayonga 来访座谈
（中国热科院国际合作处 供图）

2016 年，中国热科院专家参加了在卢旺达首都基加利市由 FAO 卢旺达代表处和卢旺达农业部共同举办的热带农业平台会议暨第三届成员大会，会议期间拜访了卢旺达农业部部长，双方确定了在木薯等领域的合作重点，希望中国热科院为卢旺达培训木薯、大豆等作物的人才（图 4-31）。

图 4-31 中国热科院专家拜会卢旺达农业部部长
（中国热科院国际合作处 供图）

2018 年，卢旺达农业与畜牧业发展委员会主席访问中国热科院，参加首届中非热带农业科技合作论坛。

2018 年，中国热科院科技人员随团赴卢旺达开展科技合作交流，围绕生态环境保护、农业和粮食安全、先进实用技术研发和示范等方面进行磋商。

（八）埃塞俄比亚

2015 年，埃塞俄比亚农业部计划司司长一行 12 人组成的南南合作项目代表团访问中国热科院（图 4-32），就热带农业科技创新与技术推广等内容进行了交流与讨论，双方就热带农业培训、项目合作、学术交流和资源交换等方面开展合作共识。

图 4-32　埃塞俄比亚南方州代表团到访中国热科院
（中国热科院国际合作处　供图）

（九）利比里亚

2013 年，中国热科院派出 5 名农业专家赴利比里亚执行国家开发银行项目“非洲天然橡胶和油棕产业发展规划”，在当地开展商务考察，先后拜访了中国驻利比里亚使馆和利比里亚农业部，考察了当地酋长农场、马来西亚在利油棕和橡胶种植基地、凡士通（Firestone）公司在利比里亚的橡胶（图 4-33）和油棕种植基地。通过考察活动，编制完成《开发性金融投资、非洲天然橡胶和油棕产业规划》。

图 4-33　在利比里亚考察天然橡胶林
（中国热科院国际合作处　供图）

2015 年，中国热科院与利比里亚农业部签署了科技合作意向书（图 4-34）。双方将在南南合作伙伴关系下，在动植物育种和遗传学、农艺学、病虫害防治、采后加工技术、生物技术、农业推广、农业机械化、水和农业废物管理、水产养殖、生物能源和人才培养等方面开展广泛合作。

图 4-34 中国热科院与利比里亚农业部签署科技合作意向书
（中国热科院国际合作处 供图）

（十）埃　　及

中国热科院 2009 年承担中埃科技合作项目“中埃西瓜育种项目技术合作与交流”和海南省外专局引智项目“埃及西瓜种质资源引进及育种研究”，与埃及国家园艺研究所建立了良好的合作关系。2016 年至今，依托科技部科学技术交流中心亚非杰出青年科学家来华工作计划项目，共接收 9 名埃及青年科学家开展为期 1 年的合作研究与交流（图 4-35、图 4-36）。

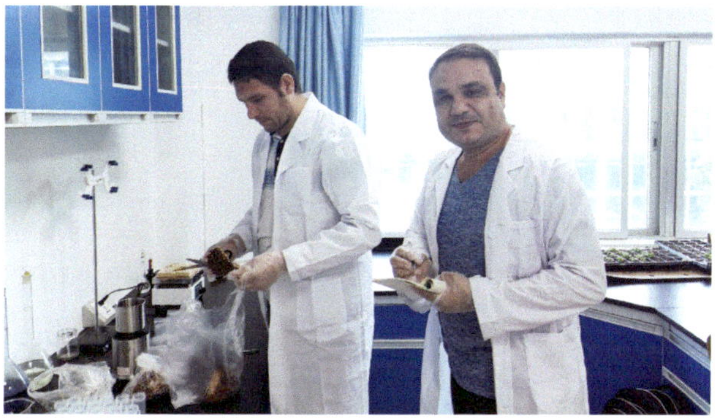

图 4-35 埃及青年科学家在实验室开展试验
（中国热科院海口实验站 供图）

图 4-36　埃及青年科学家在田间开展试验
（中国热科院海口实验站　供图）

（十一）肯尼亚

中国热科院于 2010 年与位于内罗毕的国际家畜研究所（ILRI）的东—中非生物科学中心（BecA-ILRI）签署合作谅解备忘录（图 4-37）；2015 年中国热科院专家团组与肯尼亚埃格顿大学（EGERTON UNIVERSITY）理学院专家就辣木栽培技术、产品研发与利用进行了研讨；2019 年中国热科院专家团组赴肯尼亚执行“利用热带豆科牧草提高间作系统生产力合作研究”任务，访问了国际热带农业中心 CIAT 非洲分部和国际家畜研究所（ILRI）实验室（图 4-38），重点讨论柱花草作为绿肥的科学利用以及热带牧草、木薯叶等饲草开展青贮调制的研究方案，以及双方在热带地区畜牧、兽医等领域开展合作研究的可能性。通过此次出访，调研分析东部非洲牧草、畜牧业科技发展情况，评价双方在牧草与畜牧相关方面的技术开发合作潜力，协商双方合作领域、方式和联合申报项目等事宜，为将来联合申报国家自然科学基金委员会（NSFC）与国际农业研究磋商组织（CGIAR）合作项目奠定基础。

图 4-37　中国热科院与国际家畜研究所（ILRI）签署合作协议
（中国热科院国际合作处　供图）

图 4-38　专家访问国际家畜研究所（ILRI）实验室
（中国热科院品资所　供图）

（十二）毛里求斯

中国热科院专家团组于 2019 年赴毛里求斯执行甘蔗技术交流合作任务，推动与毛里求斯开展“甘蔗种植技术、甘蔗病害防控、种质资源交流互换、甘蔗渣生物能源利用等领域交流合作”。与毛里求斯甘蔗产业研究所进行工作座谈交流、野外调研和基地、工厂生产调研等活动（图 4-39），了解毛里求斯的甘蔗及糖业生产现状、科技发展水平和科研成果，以及甘蔗糖业的生产经营模式和管理体系结构等，重点针对毛里求斯的甘蔗产业技术需求和优势生产资源开展调查，构建甘蔗科研领域交流合作的初步框架。

图 4-39　与毛里求斯甘蔗产业研究所植保研究室专家交流
（中国热科院热带生物所　供图）

（十三）南苏丹

中国热科院专家团组于 2019 年赴南苏丹执行国际合作与交流项目任务，与南苏丹朱巴大学交流座谈（图 4-40），促进双方合作，从热带科技人才培育、专业技术人才培训、新品种新技术试验示范等入手，提升南苏丹农业科技和生产水平，促进南苏丹粮食供应和安全水平。

图 4-40　与朱巴大学自然资源与环境研究所交流座谈
（中国热科院品资所　供图）

（十四）塞舌尔

2019 年，应 FAO 南南合作办公室和塞舌尔国家生物安全局（National Bionsecurety Agency）的邀请，中国热科院党组书记崔鹏伟率团赴乌干达、塞舌尔参加中国—FAO 南南合作十周年活动并执行热带农业国际合作与交流任务（图 4-41），旨在加强与南南合作、三方合作成员单位的经验交流，探讨未来发展前景，推动 FAO 热带农业研究培训参考中心的再认证工作，调研中国乌干达农业产业园；推进与塞舌尔在热带农业科技合作领域的合作，听取中国驻塞舌尔大使馆关于中塞农业合作的意见建议，访问塞舌尔渔业和农业部及下属的国家生物安全机构、国家农业局，并对在中国热科院培训的塞舌尔学员开展回访工作，开展当地热带作物种质资源分布及现状调查（图 4-42）。

图 4-41　出席中国—FAO 南南合作十周年高级别会议
（中国热科院国际合作处　供图）

图 4-42　在塞舌尔农业局农业试验站调研
（中国热科院国际合作处　供图）

（十五）毛里塔尼亚

中国热科院专家团组于2018年赴毛里塔尼亚执行国际合作与交流项目任务，访问了毛里塔尼亚畜牧业技术示范中心、塞内加河流域香蕉种植园、班尼霞浦的总统农场等（图4-43），旨在对毛里塔尼亚农业，特别是果树产业发展进行技术支持。

图4-43 考察当地农业种植企业
（中国热科院海口实验站 供图）

（十六）乌干达

2016年，中国热科院专家赴乌干达执行中英非农业合作项目（Agricultural Technology Transfer-Uganda Cassava Pilot Development Project，简称Agri-TT项目）。在乌干达地区建立两个木薯机械化种植示范基地，树立了区域农业科技发展的典型，基地同时作为培训课堂，致力于培养新型农民。依托示范基地，以理论学习和田间实践相结合的方式，在田间地头对农民进行讲解、示范、操作和解答等活动，举办4次木薯机械化种植/加工技术培训班（图4-44），已培训来自4个地区木薯种植户及农技人员90余人。

图 4-44　木薯机械化种植田间培训
（中国热科院品资所　供图）

（十七）喀麦隆

2018 年，中国热科院专家团组赴喀麦隆执行热作种质资源项目任务，与喀麦隆农业发展研究所总部（IRAD）、喀麦隆农业发展研究所油棕研究中心（CEREPAH）和喀麦隆农业发展研究所水产和海洋学试验站（RSFO），就水果、蔬菜、香料饮料、油棕和椰子等作物的应用基础研究、资源收集保存、育种、科研合作等进行了深入交流（图 4-45）。

图 4-45　在油棕研究中心交流杂交制种、种子保存与催芽技术
（中国热科院品资所　供图）

三、援非培训

截至 2021 年 12 月，在商务部等的培训项目支持下，中国热科院主办或协办了 25 期对非援外培训班，培训学员 1 000 多人（表 4-1）。

表 4-1　中国热带农业科学院承担的对非培训项目

序号	培训班名称	任务来源	年份	培训周期	国家	人数
1	莫桑比克腰果栽培技术培训班（第一期）	协办	2005	8 天	莫桑比克	15 人
2	莫桑比克腰果栽培技术培训班（第二期）	协办	2006	8 天	莫桑比克	17 人
3	塞拉利昂木薯种植与加工技术研修班	协办	2007	8 天	塞拉利昂	15 人
4	非洲国家木薯和橡胶生产与加工技术培训班	协办	2007	14 天	尼日利亚 4 人、加纳 3 人、利比里亚 3 人、坦桑尼亚 2 人、科特迪瓦 2 人	14 人
5	非洲国家木薯生产与加工技术培训班	商务部	2008	30 天	埃塞俄比亚 1 人、贝宁 1 人、布隆迪 2 人、几内亚 2 人、津巴布韦 2 人、利比里亚 1 人、马达加斯加 2 人、尼日利亚 2 人、塞内加尔 2 人、苏丹 2 人、赞比亚 2 人	19 人
6	东盟与非洲国家天然橡胶生产与加工技术培训班	科技部	2009	20 天	菲律宾 5 人、印度尼西亚 3 人、越南 3 人、缅甸 3 人、老挝 1 人、泰国 3 人、尼日利亚 2 人	20 人
7	非洲国家热带作物生产技术推广培训班	农业部 / 协助（全国农业技术推广服务中心）	2009	2 天	津巴布韦 3 人、埃及 2 人、贝宁 3 人、加纳 4 人	12 人
8	非洲国家木薯生产与加工技术培训班	商务部	2012	21 天	埃塞俄比亚 2 人、贝宁 2 人、布隆迪 1 人、坦桑尼亚 2 人、南非 3 人、尼日利亚 3 人、利比里亚 2 人、加纳 2 人、塞拉利昂 2 人、乌干达 2 人	21 人

续表

序号	培训班名称	任务来源	年份	培训周期	国家	人数
9	农产品质量检测技术培训班	国际原子能机构	2014	3个月	博茨瓦纳1人、乌干达2人	3人
10	2014年非洲英语国家木薯产业发展管理研修班	协办	2014	20天	埃塞俄比亚1人、加纳3人、利比里亚3人、卢旺达1人、马拉维3人、尼日利亚7人、塞拉利昂2人、乌干达6人	26人
11	2014年非洲英语国家热带重要作物病虫害防治技术培训班	商务部	2014	25天	毛里求斯2人、埃塞俄比亚2人、加纳2人、赞比亚2人、乌干达2人、喀麦隆2人、埃及1人、苏丹1人、肯尼亚2人	16人
12	2015年非洲法语国家木薯生产与加工技术培训班	商务部	2015	20天	贝宁5人、科特迪瓦2人、塞内加尔3人、乍得2人、刚果（布）2人、刚果（金）1人、中非1人、马里4人、科摩罗3人、突尼斯2人	25人
13	中国—FAO南南合作计划木薯种植和加工技术培训班	FAO	2016	18天	喀麦隆2人、加纳2人、肯尼亚1人、马拉维2人、尼日利亚2人、利比里亚2人、卢旺达2人、塞拉利昂2人、乌干达2人、赞比亚2人、纳米比亚1人	21人
14	2017年卢旺达热带粮食作物种植与加工技术海外培训班	商务部	2017	21天	卢旺达	50人
15	2018年刚果（布）木薯生产与加工及热带果树种植技术海外培训班	商务部	2018	20天	刚果（布）	214人
16	2018年桑给巴尔病虫害防治技术海外培训班	商务部	2018	30天	桑给巴尔	52人
17	2018年非洲国家木薯生产与加工技术研修班	商务部	2018	21天	冈比亚2人、纳米比亚1人、南苏丹4人、乌干达9人	16人
18	2018年卢旺达热带粮食作物种植与加工技术海外培训班	商务部	2018	15天	卢旺达	100人

续表

序号	培训班名称	任务来源	年份	培训周期	国家	人数
19	2019 年非洲法语国家木薯产业发展研修班	商务部	2019	20 天	贝宁 4 人、布基纳法索 4 人、刚果（布）4 人、刚果（金）4 人、科特迪瓦 4 人、几内亚 4 人、尼日尔 1 人	25 人
20	2019 年几内亚热带粮食与果树生产加工技术培训班	商务部	2019	25 天	几内亚	47 人
21	2019 年刚果（布）木薯生产与加工及热带果树种植技术海外培训班	商务部	2019	30 天	刚果（布）	112 人
22	2020 年非洲国家木薯生产与加工技术研修班（线上）	商务部	2021			62 人
23	2020 年肯尼亚热带水果种植和加工技术研修班（线上）	商务部	2021	21 天	肯尼亚	39 人
24	2021 年非洲国家热带现代农业发展线上研修班（线上）	农业农村部	2021	5 天	埃及 11 人、加纳 2 人、利比里亚 6 人、南非 2 人、尼日利亚 5 人、卢旺达 1 人、乌干达 2 人、肯尼亚 2 人、赞比亚 3 人、南苏丹 2 人、科特迪瓦 1 人、喀麦隆 1 人	38 人
25	2021 年非洲国家热带农业绿色发展与减贫合作培训班（线上）	海南省外事办公室	2021	5 天	贝宁 1 人、刚果（布）1 人、喀麦隆 2 人、埃及 46 人、加纳 4 人、利比里亚 1 人、莫桑比克 1 人、尼日利亚 4 人、科特迪瓦 7 人、卢旺达 1 人、塞拉利昂 1 人、南非 1 人	70 人

部分培训班的具体情况如下。

（一）非洲国家木薯生产与加工技术培训班（2012 年）

培训班从 2012 年 7 月 26 日开班至 2012 年 8 月 16 日结束，共有来自埃塞俄比亚、南非、坦桑尼亚、加纳、尼日利亚、塞拉利昂、乌干达、利比里亚、贝宁、布隆迪农业管理部门和科教单位合计 21 名从事木薯种植生产的企业、科研、技术、管理人员参加了本次培训（图 4-46 至图 4-51）。

图 4-46　开班仪式
（中国热科院国际合作处　供图）

图 4-47　课堂教学
（中国热科院国际合作处　供图）

图 4-48　木薯组织培养教学
（中国热科院国际合作处　供图）

图 4-49　田间实训
（中国热科院国际合作处　供图）

图 4-50 试管苗移栽
（中国热科院国际合作处 供图）

图 4-51 结业合影
（中国热科院国际合作处 供图）

本次培训班主要根据当前热区木薯的发展趋势以及中国在木薯产业方面的丰富经验，特别是中国热科院品资所在木薯栽培生产与加工方面的成功经验，同时融合了国内外木薯研究的最新成果，结合非洲国家木薯产业发展的现状，精心设计了此次培训班的授课内容，包括：木薯高产栽培技术，木薯种质资源的收集、保存和利用，木薯选育种技术，木薯组织培养技术，木薯病虫害防控技术，木薯淀粉与酒精加工技术，木薯烹饪加工技术，中国历史文化简介等。授课教师精心准备了英文上课提纲及多媒体课件，每堂课都留有充足的时间让学员自由提问，方便及时解答学员的疑问，真正使每个学员都能理解授课内容并掌握相关技术。

（二）2014 年非洲国家热带重要作物病虫害防治技术培训班

培训班从 2014 年 9 月 2 日开班至 2014 年 9 月 26 日结束，为期 25 天，共有来自毛里求斯、埃塞俄比亚、加纳、赞比亚、乌干达、喀麦隆、埃及和苏丹国家农业管理部门和科教单位合计 16 名从事热带作物植保和环保的科研、技术、管理人员参加了本次培训（图 4-52 至图 4-55）。

图 4-52　开班仪式

（中国热科院国际合作处　供图）

图 4-53 课堂教学
（中国热科院国际合作处 供图）

图 4-54 害虫天敌繁育实训
（中国热科院国际合作处 供图）

图 4-55　结业合影
（中国热科院国际合作处　供图）

本次培训班主要根据当前热带作物病虫害的发展趋势以及中国在热带作物病虫害防治方面的丰富经验，同时融合了国内外热带作物病虫害研究的最新成果，结合非洲国家作物病虫害防治发展的现状，精心设计了此次培训班的授课内容，包括：橡胶树主要害虫防控技术、热带水果主要病虫害识别与防治、香蕉病虫害及其防治、椰子油棕病虫害、木薯害虫防治技术、芒果病害及其防治、中国热带水果产业发展概况、热带作物病虫害防控技术、中国历史文化简介等。

（三）2015 年非洲法语国家木薯生产与加工技术培训班

培训班从 2015 年 10 月 12 开班至 10 月 31 日结束，为期 20 天，共有来自贝宁、科特迪瓦、塞内加尔、乍得、刚果（布）、刚果（金）、中非、马里、科摩罗、突尼斯 10 个国家农业管理部门和科教单位合计 25 名从事木薯种植生产的企业、科研、技术、管理人员参加了本次培训。

本次培训班紧扣木薯生产与加工技术这一主题，精心设计了此次培训班的授课内容，包括：中国木薯产业发展现状、中国木薯主粮化研究与进展、中国木薯生物技术育种研究、木薯栽培和收获技术、木薯组织培养、木薯种质资源创新与利用技术、以木薯为原料的烹调和烘烤食品技术、主要木薯病虫害的发生与防治等（图 4-56 至图 4-60）。

图 4-56　开班仪式
（中国热科院国际合作处　供图）

图 4-57　课堂教学
（中国热科院国际合作处　供图）

图 4-58　木薯食品制作教学
（中国热科院国际合作处　供图）

图 4-59　田间实训
（中国热科院国际合作处　供图）

图 4-60　结业合影
（中国热科院国际合作处　供图）

（四）2017 年卢旺达热带粮食作物种植与加工技术海外培训班

培训班于 2017 年 8 月 21 日至 9 月 10 日在卢旺达南方省胡耶市鲁伯纳区举办，为期 21 天，共有来自卢旺达农业政府部门和科研机构的 50 名学员参加。培训班针对卢旺达当地农业发展现状和实际需求，精心设计了木薯高产栽培与加工技术、香蕉高产栽培与加工技术、水稻高产栽培与加工技术、玉米高产栽培与加工技术、食用菌菌种制备技术等课程，在木薯、香蕉、水稻、玉米的种植与加工和食用菌菌种生产等领域开展课堂讲座、基地实践和交流研讨（图 4-61 至图 4-66）。

图 4-61 开班仪式
（中国热科院国际合作处 供图）

图 4-62 木薯生产课堂教学
（中国热科院国际合作处 供图）

图 4-63 木薯病虫害识别田间实训
（中国热科院国际合作处 供图）

图 4-64 水稻栽培田间实训
（中国热科院国际合作处 供图）

图 4-65　香蕉种苗繁育田间实训
（中国热科院国际合作处　供图）

图 4-66　结业典礼
（中国热科院国际合作处　供图）

（五）2018 年刚果（布）木薯生产与加工及热带果树种植技术海外培训班

培训班于 2018 年 6 月 16 日—7 月 5 日在刚果（布）高原省恩戈市举办，共有来自普尔、高原、盆地 3 省（区）14 个市（县）的农业技术员，以及恩戈市下属 15 个村落的木薯和果树种植户，总计 214 人参加了培训，其中，木薯学员 129 人、果树学员 85 人。

培训班针对实际技术需求和木薯加工、香蕉种苗繁育、作物施肥等薄弱技术环节，依托相关作物产业技术体系的专家团队，设计安排了木薯、香蕉、芒果和菠萝等作物的现场教学和试验操作等系列教学活动（图 4-67 至图 4-69）。

图 4-67　培训班合影
（中国热科院国际合作处　供图）

图 4-68　授课现场
（中国热科院国际合作处　供图）

图 4-69 学员参观热带农业科技成果展
（中国热科院国际合作处 供图）

（六）2018 年卢旺达热带粮食作物种植与加工技术海外培训班

培训班于 2018 年 12 月 6—20 日在卢旺达南方省胡耶区鲁伯纳举办。此次培训班学员遍布全国，共有来自东部省、北部省、西部省、南部省和基加利市的 100 名农业部技术员、农艺师、种植户等参加了培训，其中，农业部技术员 14 人、农艺师 36 人、种植户 50 人。重点围绕木薯、玉米和香蕉等作物的加工技术进行培训教学，利用理论与实践相结合的教学模式（图 4-70、图 4-71）。

图 4-70 授课现场
（中国热科院国际合作处 供图）

图 4-71 结业典礼
（中国热科院国际合作处 供图）

（七）桑给巴尔病虫害防治技术海外培训班

培训班于 2018 年 8 月 20 日—9 月 18 日在桑给巴尔克兹巴尼农业培训研究所举办。共有来自桑给巴尔政府部门、科研机构、当地农户的 52 名学员参加。针对桑给巴尔果蔬病虫害防治的实际技术需求，设计安排了芒果、辣椒、木薯、番茄、香蕉、菠萝、香辛饮料等作物的现场教学和调研考察解决实际问题等系列教学活动。重点开展了世界芒果、香蕉等热带果树产业概况、热作病虫害识别与防控、热带果树生产管理技术、果蔬种质资源保存与利用、香料种植与加工等课程培训（图 4-72、图 4-73）。

图 4-72 授课现场
（中国热科院国际合作处 供图）

图 4-73　田间教学
（中国热科院国际合作处　供图）

（八）2019 年非洲法语国家木薯产业发展研修班

培训班于 2019 年 9 月 6—25 日，我国在海南省在海口市举办，来自贝宁、布基纳法索、刚果（布）、刚果（金）、科特迪瓦、几内亚等 7 个发展中国家的 25 名学员参加了培训。紧扣热带农业新技术这一主题设计课程内容，开展了木薯发酵饲料、木薯基因的扩增、木薯组织培养技术、喷雾干燥法制备木薯粉、挤压法制备木薯大米、木薯播种、木薯收割、木薯施肥等机械化操作等专业教学活动。展示了我国在热带农业管理和加工领域的新成果和实用技术，使学员对我国热带农业现状和先进技术有了更深的了解，同时在一定程度上提高了学员的业务水平（图 4-74 至图 4-76）。

图 4-74　开班合影
（中国热科院国际合作处　供图）

图 4-75　课堂教学
（中国热科院国际合作处　供图）

图 4-76　参观考察
（中国热科院国际合作处　供图）

（九）2019 年几内亚热带粮食与果树生产加工技术培训班

培训班于 2019 年 10 月 11 日至 11 月 4 日在海口举办，来自几内亚的 47 名学员参加了培训。按照“课程设计突出专业性和针对性、培训内容具有系统性和完整性、教学内容模块化、参观考察活动与培训主题高度关联”的要求，开展了国内外芒果产业现状、木薯栽培基础知识、热带作物病虫害与绿色防控、香蕉废弃物应用技术、热带农产品质量安全检测技术、木薯病虫害防控技术、菠萝果醋加工技术、菠萝蜜加工、椰子综合加工技术等专业教学活动，设计安排了热带水果与木薯产业链中育种、栽培、组培技术、快繁技术、加工技术相关的现场教学和参观考察活动（图 4-77 至图 4-80）。

图 4-77　开班合影
（中国热科院国际合作处　供图）

图 4-78　现场教学
（中国热科院国际合作处　供图）

图 4-79　基地考察
（中国热科院国际合作处　供图）

图 4-80　结业合影
（中国热科院国际合作处　供图）

（十）发展中国家热带作物病虫害防控技术培训班（2021 年，线上）

培训班于 2021 年 9 月 5—25 日在海南省海口市举行，有来自巴基斯坦、肯尼亚、斯里兰卡、马来西亚、委内瑞拉 5 个国家的 44 名学员参加了为期 21 天的线上培训。紧扣热带作物病虫害防控这一培训主题，开展了主要热带作物病虫害的识别和绿色防控技术、果蔬采后处理技术、香蕉重要病虫害识别与防控、草果主要病虫害识别与防控、疫情防控经验交流、木薯重要虫害识别与防控、热带主要作物病虫害天敌寄生蜂保护利用、橡胶 / 木薯重要病虫害识别与防控技术、芒果重要病害识别与防控等课程。受全球疫情防控影响，为帮助学员全方位、更直观地了解各种热带作物病虫害防控过程，项目管理小组在万宁香料饮料及胡椒和咖啡试验示范基地、牛油果高效栽培基地、文昌椰子大观园、兴隆热带植物园、热作抗病育种材料鉴选与保存基地拍摄现场教学视频（图 4-81 至图 4-83）。

图 4-81　开班仪式
（中国热科院国际合作处　供图）

图 4-82　云现场教学
（中国热科院国际合作处　供图）

图 4-83　结业仪式

（中国热科院国际合作处　供图）

（十一）2021 年非洲国家热带现代农业发展线上研修班

为加强中非热带农业科技交流，助力非洲现代农业发展，在农业农村部的项目支持下，10 月 18—22 日，中国热科院举办面向非洲国家的热带现代农业发展线上研修班，共有来自埃及、加纳、利比里亚、南非、尼日利亚、卢旺达、乌干达、赞比亚、南苏丹、科特迪瓦和喀麦隆 11 个非洲国家的 38 名非洲农业科技人员和政府官员线上参与交流研讨。农业农村部国际合作司、FAO 和 WFP 驻华代表处、海南省外事办公室等机构派代表出席了研修班开班、结业等重要活动（图 4-84）。

图 4-84　开班仪式

（中国热科院国际合作处　供图）

（十二）2021 年非洲国家热带农业绿色发展与减贫合作培训班（线上）

为推进中国热科院与联合国粮食及农业组织（FAO）、世界粮食计划署（WFP）科技合作协议的具体落实，加强中非在减贫和可持续发展方面的合作，在海南省外事办公室的支持下，中国热科院联合相关机构联合发起面向非洲国家的热带农业绿色发展与减贫合作培训计划。共有来自贝宁、刚果（布）、喀麦隆、埃及、加纳、利比里亚、莫桑比克、尼日利亚、科特迪瓦、卢旺达、塞拉利昂、南非 12 个非洲国家的 70 名非洲农业科技人员和政府官员线上参与交流研讨。世界粮食计划署（WFP）驻华代表处、海南省外事办公室等机构派代表出席了培训班开班（图 4-85）、结业等重要活动。

图 4-85 开班仪式

（中国热科院国际合作处 供图）

四、技术援助

我国农业援助的总体目标是配合国家重大外交战略，统筹利用国内国际两个市场、两种资源，通过加强与受援国农业发展战略对接，持续支持受援国制定农业发展规划，提升农业科技研发、动植物病虫害防治、水稻等农业先进种养技术示范推广能力，改善农业基础设施条件，提高受援国粮食安全水平和农业产业链建设能力，提升受援国农业发展能力，促进我国农业高水平对外开放，为受援国农业现代化建设提供更加精准、高效、适用的中国方案，为实现联合国2030年可持续发展目标做出更大贡献。

中国热科院充分发挥热带农业科技优势，积极承担国家援外任务，得到了农业农村部、商务部、国家国际发展合作署、海南省政府和国际组织的大力支持和关心。“十三五”期间，通过境外示范平台或技术合作项目等渠道，先后向柬埔寨、刚果（布）、冈比亚、坦桑尼亚、卢旺达、密克罗尼西亚、基里巴斯、萨尔瓦多、巴拿马等国家派出农业专家60余名，为提升广大发展中国家热带农业生产技术水平、提升我国热带农业对外影响力、促进我国农业对外合作发挥了积极作用。

（一）援刚果（布）农业技术示范中心

2006年，商务部和农业部共同设计了新的援非模式——农业技术示范中心，成为中非农业科技合作的重要载体（朱增勇 等，2018）。截至2016年底，已在非洲分两批援建了25个农业技术示范中心。第一批14个包括援赞比亚、坦桑尼亚、喀麦隆、刚果（布）、卢旺达、贝宁、多哥、利比里亚、埃塞俄比亚、苏丹、莫桑比克、乌干达、南非、津巴布韦农业技术示范中心，大多数已进入可持续发展期。农业技术示范中心在促进非洲国家农业发展、配合经济外交和带动我国农业“走出去”等方面发挥了积极作用，受到受援国和国际组织的赞扬。农业技术示范中心已成为我国优势外交资源和南南合作的“知名品牌”（秦路 等，2016）。

由中国热科院承建的援刚果（布）农业技术示范中心自2015年进入可持续发展阶段，在引进企业开展商业化运营的同时，积极筹措资金并统筹全院科技资源，支持示范中心公益活动开展。同时，拓展与世界粮食计划署、刚方（布）政府的三方合作，利用平台的示范引领作用、中方的技术以及国际组织的资金，在刚果（布）当地推广木薯食品多样化的加工技术（详见“二、国别合作”）。

（二）农业综合性考察

近年来，与我国新建 / 复交的国家多分布在热带地区，热带农业是当地国民经济和社会发展的基础。农业作为两国外交工作的重要和优先领域，需要在第一时间提出合作的具体可行建议。近年来，中国热科院先后承担了对冈比亚、萨尔瓦多、巴拿马、基里巴斯、塞拉利昂等的农业综合性考察及技术援助任务。其中，2018 年对冈比亚开展综合性考察后提出的项目建议得以落地，并在第二届中非合作论坛北京峰会上得到两国元首的见签。

1. 援冈比亚农业技术援助项目可行性研究考察

2017 年 10 月，冈比亚新政府向中国政府提出首个农业技术合作项目，内容包括农业技术合作项目和农机物资项目。项目实施地点为冈中河区南部撒普农业站（Sapu Agric. Station）。

受中国商务部援外司委托，中国热科院专家组于 2018 年赴冈比亚开展了可行性研究考察工作（图 4-86、图 4-87）。考察组与中国驻冈比亚大使和参赞、冈比亚农业部及其所属机构的官员和专家进行了交流对接。考察组对冈比亚 5 个行政区的 31 个点进行了考察，同时收集了比较详尽的资料。通过现场考察、资料分析、会谈交流等，考察组整理形成考察报告，为项目立项提供参考依据。

图 4-86　在冈比亚开展农业综合考察
（中国热科院国际合作处　供图）

图 4-87 专家组现场指导机械装备维修
（中国热科院国际合作处 供图）

2. 援塞拉利昂农业项目综合考察

2020 年，塞拉利昂政府照会我国驻塞拉利昂大使馆，提请中国援塞拉利昂农业机械项目申请书，希望我国政府提供一批农机具，包括拖拉机、播种机、除草机、插秧机等，同时提供相关农机使用、维保培训。同时，塞拉利昂提出希望在水稻育种方面继续开展农业技术援助项目。为继续帮助塞拉利昂提高粮食产量、加强能力建设，中塞两国政府于 2020 年 3 月换文，将派出农业综合考察组开展实地考察。根据《对外援助项目可行性研究任务委托函》(〔2020〕承商工援成字第 03 号)，中国对外承包工程商会结合塞拉利昂的合作需求和承担单位的技术优势和经验能力，将该项任务交由中国热科院承担。

2021 年，时值中国与塞拉利昂建交 50 周年，为持续帮助塞拉利昂提升粮食安全水平，在国家国际发展合作署和农业农村部的高度关注下，中国热科院面对全球新冠肺炎疫情严峻形势，勇担使命，周密安排，毅然派出考察组执行科技援助塞拉利昂任务，履行国家承诺（图 4-88 至图 4-90）。

图 4-88 拜会我国驻塞拉利昂大使
（中国热科院国际合作处 供图）

图 4-89 与塞拉利昂农林部部长座谈后合影
（中国热科院国际合作处 供图）

图 4-90 专家组实地调研
（中国热科院国际合作处 供图）

考察组由水稻、农机、植保、产业经济等领域 5 位专家组成，于 2021 年 3 月 6—21 日赴塞执行农业项目综合考察和可行性研究任务，对塞拉利昂向我国提出的农机具应用和水稻增产等援助需求开展实地调研，并就中塞农业合作规划开展综合考察。考察组在我国驻塞大使馆的指导和帮助下，严格做好自身防疫，积极开展考察工作，围绕塞拉利昂的水稻、玉米、木薯等主要粮食作物和可可、咖啡、油棕等重要热带经济作物进行实地调研，提出了技术方案和建议。

塞拉利昂农林部部长强调，考察组在塞拉利昂开展的工作为今后学习借鉴中国农业发展经验和技术，解决粮食安全问题提供了有效方案，期待中国热科院在后续工作中继续扮演重要角色。

在国际新冠肺炎疫情复杂严峻、出境执行任务面临诸多挑战的形势下，中国热科院专家秉承“应国家战略而生，为国家使命而战”的职责使命，不畏艰险、勇于担当，科学安排，专业服务，为支撑国家农业技术援外和服务国家科技外交付诸新实践做出了新贡献（佚名，2021）。

（三）举办中非热带农业科技合作论坛

在 2018 年中非合作论坛北京峰会举办前夕，中国热科院牵头举办首届中非热带农业科技合作论坛（图 4-91、图 4-92）。来自卢旺达、赞比亚、坦桑尼亚、尼日利亚、喀麦隆、利比里亚、埃塞俄比亚、冈比亚、肯尼亚、多哥、埃及、苏丹、加纳、塞内加尔等国家及国内涉农科研机构、大学专家学者、走出去企业代表 100 余人，为共筑“一带一路”倡议下中非热带农业科技合作新格局建言献策。论坛共举办 4 个主旨报告，9 个分论坛报告。中非专家围绕中非热带农业科技创新合作、中非热带农业交流合作平台搭建与可持续发展、中非农业农村人力资源开发合作等方面展开交流与研讨，并参观首届“一带一路”热带农业摄影展和琼海农业对外合作试验区和中非农业合作展，助力中国（海南）自由贸易试验区建设，共筑中非热带农业科学共同体。

图 4-91　首届中非热带农业科技合作论坛
（中国热科院国际合作处　供图）

图 4-92　参加论坛的非洲国家代表
（中国热科院国际合作处　供图）

中国热科院与赞比亚发展署、赞比亚农业研究院、卢旺达农业委员会分别签订了合作协议（图 4-93），将在农业生产、农业加工和管理技术的能力建设培训，提高热带产品质量等方面继续深化合作，包括共同推动热带农业加工技术转让，共同建立热带农业技术转让中心，进行人力资源开发，共同为官员、专业农户和企业职工举办农业技术和管理培训班、研讨会和讲习班。

图 4-93　签署合作协议
（中国热科院国际合作处　供图）

（四）成立中非热带农业科技创新联盟

1. 联盟成立

2021 年 11 月 8 日，由中国热科院牵头的中非热带农业科技创新联盟在 2021 中国国际热带产业博览会上成立（图 4-94）。来自中国水产科学研究院、南京农业大学、江西省农业科学院等国内成员单位代表参加线下授牌仪式（图 4-95），埃及农业研究中心、毛里求斯甘蔗产业研究所、利比里亚中央农业研究所等非洲科教机构向大会发来视频致辞。

图 4-94　中非热带农业科技创新联盟成立仪式
（中国热科院国际合作处　供图）

图 4-95　中国热科院为部分联盟成员单位授牌
（中国热科院国际合作处　供图）

会议审议并通过了联盟章程、行动计划，并宣布了联盟成员单位。目前，已有国内 12 家农业科教机构和非洲 9 个国家的 13 家国家级农业科教机构自愿申请加入。联盟成立后，成员单位将在热带农业科技的合作研究、推广应用、人才培养、交流分享等方面密切合作，致力于构建互惠互利、融通发展的新型合作关系，共同应对粮食安全挑战，提升热带农业可持续发展能力。

该联盟是在农业农村部“中非现代农业交流示范中心”项目支持下，由中国热科院倡议，中国和非洲国家涉农的科教机构自愿加入并共同发起的开放性、国际化多边合作平台，旨在构建中非热带农业科技长效合作机制，提升中非双方热带农业科技创新能力，推动农业可持续发展。

2. 联盟行动计划

为落实 2018 年中非合作论坛北京峰会对非举措和 2019 年首届中非农业合作论坛成果，充分发挥我国在热带农业科技领域的先发优势，构建更加紧密的中非热带农业科技合作关系，中国热科院等中国涉农科教企机构与非洲有关涉农科教企机构将遵循“平等合作、开放包容、互学互鉴、互惠互信、共同发展”的原则，在合作研究、推广应用、人才培养、交流分享等方面开展密切合作。

（1）合作研究

一是加强联盟成员所在国主要热带作物的专项科技合作，针对木薯、香蕉、橡胶、咖啡、可可、腰果、甘蔗、玉米、水稻等重要热带作物和粮食作物的优质高产育种、绿色高效栽培、原产地加工等关键技术开展联合研究。

二是加强联盟成员所在国特色畜禽养殖和重要疫病防控的专项科技合作，针对特色畜禽的健康养殖、重要疫病的监测预警和联防联控等关键技术开展联合研究。

三是加强联盟成员所在国水产养殖和病害防控的专项科技合作，针对繁殖和苗种培育技术、循环水精养模式、病害防控等关键技术开展联合研究。

四是加强国别、区域和国际农业政策的专项科技合作，针对农业经济、科技、教育等相关政策、制度、规划和农业大数据等开展协同研究。

（2）推广应用

在合作研究的基础上，以企业为依托，对形成的研究成果进行集成、示范和推广应用。建立联盟热带农业技术成果推广服务体系，保障科教企等各方参与的积极性。

（3）人才培养

联盟成员相互根据需求开放一定数量的研究岗位，提供必要的科研条件，通过科研交流和访问培养科研人才；由科教企联合举办实用技术培训班、通过产业基地实训，培养生产技能型人才；开展合作办学或联合培养，为联盟成员提供学历学位教育机会。

（4）交流分享

定期举办中非热带农业科技合作论坛、中非热带农业技术对接会等，促进科技成果的转移转化；构建联盟成员热带农业科技成果数据库，及时分享合作的进展和成果。

（5）其他双方共同感兴趣的领域开展合作

略。

（五）建设中非现代农业技术交流示范和培训联合中心（海南）

中非现代农业技术交流示范和培训联合中心是中方落实中非合作论坛第八届部长级会议宣布的中非务实合作“九项工程”之一——“减贫惠农工程”的重要举措，由中国外交部和农业农村部联合授牌。2021 年 12 月 15 日，首批“中非现代农业技术交流示范和培训联合中心”授牌仪式在中国热科院隆重举行。农业农村部副部长马有祥通过视频连线致辞（图 4–96），授牌仪式由农业农村部国际合作司司长隋鹏飞主持，海南省副省长刘平治，非盟驻华大使拉赫曼·塔拉·穆罕默德·奥斯曼，中国热科院院长王庆煌、院党组书记崔鹏伟、副院长刘国道出席活动。赞比亚、津巴布韦、南苏丹等非洲国家驻华使节、中国外交部、海南省农业农村厅、海南省外事办公室等有关单位代表参加活动。

图 4–96　农业农村部马有祥副部长致辞
（中国热科院国际合作处　供图）

农业农村部马有祥副部长指出，在华设立中非现代农业技术交流示范和培训联合中心，是落实习近平主席重要倡议的务实举措，标志着中非农业合作又翻开了新的篇章。联合中心的设立，将进一步整合资源，更好地发挥中方在制度、技术、产业、人才和设施等方面的优势，服务中非农业高水平合作。希望中非各方主动为联合中心的建设发展贡献智慧和力量，实施更多见效快、惠民生的项目，把联合中心建设成为中非开展农业政策对话、农业科研合作、人员信息交流和产业经贸合作的“孵化器”和

"推进器"，在引领中非农业合作中当好样板。

刘平治副省长指出，作为中国唯一的热带岛屿省份，海南与非洲诸多国家气候相近、资源相似、产业相配，合作空间大、合作机会多、合作动力强。多年来，琼非在国际友城、对话平台、经贸交流、产业合作等方面结出了丰硕的果实。期待未来在自由贸易港的政策红利下，进一步深化与非洲国家在农业多领域全方位合作（图 4-97）。

图 4-97　海南省副省长刘平治讲话
（中国热科院国际合作处　供图）

拉赫曼·塔拉·穆罕默德·奥斯曼大使强调，农业是非洲发展的基础，也是中非合作的重要领域，无论是非盟《2063 年议程》的旗舰项目"非洲农业发展综合计划"，还是刚刚通过的《中非合作论坛—达喀尔行动计划（2022—2024 年）》，都需要非中各方加强在粮食安全和产后减损等领域的合作，支持非洲农业发展，提升非洲农业附加值（图 4-98）。

图 4-98　非盟驻华大使拉赫曼·塔拉·穆罕默德·奥斯曼讲话
（中国热科院国际合作处　供图）

王庆煌院长表示，中国热科院作为中国综合性热带农业科学研究的最高学术机构，在“一带一路”和中非合作论坛框架下，突出特色和优势，开展了一系列对非科技合作活动（图 4-99）。本次联合中心的授牌是一次助力非洲农业现代化的全新实践，对进一步深化中非热带农业合作、构建更加紧密的新型中非农业合作关系具有积极意义。

图 4-99 中国热科院院长王庆煌讲话
（中国热科院国际合作处 供图）

获首批授牌的联合中心（图 4-100）分别为中国热带农业科学院、中国水产科学研究院淡水渔业研究中心、中国农业科学院沼气科学研究所和杨凌示范区上海合作组织农业技术交流培训示范基地。

图 4-100 首批中非现代农业技术交流示范和培训联合中心授牌
（中国热科院国际合作处 供图）

五、合作建议

当今世界正处于大发展大变革大调整时期，粮食安全、可持续发展、减贫等全球性挑战更加严峻。习近平总书记提出构建人类命运共同体理念和“一带一路”合作倡议，为应对全球性问题提供了新思路，为包括非洲在内的世界各国深化平等互利合作提供了新机遇。2018 年 9 月在北京举行了中非合作论坛北京峰会，峰会以“合作共赢，携手构建更加紧密的中非命运共同体”为主题，中非各国领导人一致决定推动共建“一带一路”倡议同非洲联盟《2063 年议程》、非洲各国发展战略深入对接，携手构建责任共担、合作共赢、幸福共享、文化共兴、安全共筑、和谐共生的中非命运共同体，共同实施中非合作“八大行动”，为中非关系向更高水平发展绘制了新的蓝图（安全，2019）。

（一）热带农业技术合作前景广阔

进入新时代，中非农业合作前景更加广阔，合作潜力巨大。中非农业发展都面临有效利用资源、提升劳动力素质、促进产业升级、提高质量效益的共同任务，必须坚定不移依靠科技进步，提高农业现代化水平，促进农业可持续发展。推动农业技术改进是解决非洲国家贫困问题的突破口，是中国援助非洲的重点，也是援非取得实效的关键。事实表明，依赖资源出口型的经济发展已使非洲逐渐显现出发展的后劲不足，其模式造成不可逆的资源破坏与损失，具有不可持续性，并常常在国际市场冲击下出现剧烈波动，国民经济受到严重影响。中国农业科技进步贡献率达到 58.3%，粮食作物耕种收综合机械化率已超过 80%、良种基本实现全覆盖，农村电商、数字农业等新产业新业态蓬勃发展。中国经济快速发展，农业发展成就令人瞩目，非洲国家及其他发展中国家对学习中国农业发展经验兴趣浓厚，不断提出合作要求（徐继峰 等，2011）。加强在农业绿色发展、科技创新、机械化、信息化等方面的合作，提高非洲农业发展质量是中非农业合作的重点领域和发展方向。

2020 年 6 月，中共中央、国务院印发了《海南自由贸易港建设总体方案》，绘出了建设全球热带农业中心的宏伟蓝图。2021 年 10 月，农业农村部、国家发展和改革委员会、科技部等 13 个部门联合印发了《国家热带农业科学中心建设规划（2021—2035 年）》，提出用 10～15 年把海南打造成世界一流的热带农业科学中心。海南是中国唯一的热带省份，打造国家热带现代农业基地是海南自贸港建设的重要任务，非洲大部分国家地处热带区域，热带农业是其支柱产业，热带农业因此成为中非农业合作的特色和优势领域，做强做优热带特色高效农业是中非农业合作的共同愿景。建设全球热带农业中心和国家热带农业科学中心为中非热带农业合作提供了重大机遇，将为保障非洲粮食安全、促进共同发展发挥重要作用。

（二）发挥热带作物产业技术合作特色和优势

木薯、可可、咖啡、腰果、香蕉、胡椒、橡胶、剑麻等热带作物产业是非洲的特色产业，也是潜力巨大的优势产业，虽然受限于当前当地的生产技术条件，这种优势还未能全部展现出来。通过持续的技术援助，在品种改良、良种繁育、高效栽培、保鲜贮运、精深加工、品牌培育等与产业链配套的完整技术链进行支持，促进产量、品质和产品竞争力提升，热作产业将成为非洲减少贫困、提高收入的支柱产业，热带作物产业技术合作将成为特色和优势领域。

一是合作研发提高原始创新能力。共同开展热带农业科技攻关和关键技术研发，重点在木薯花叶病防控及腰果、油棕、可可、咖啡等重要热带作物新品种选育和栽培技术本土化等领域开展合作研究，推动非洲农业产业发展规划研究等。通过合作研发，既提高了非洲国家的原始创新能力，又促进了非洲国家农业生产水平的提升，使中国热带农业技术和成果实现在非洲的本土化。

二是构建境内外平台促进合作。在现有热带农业境外试验站或示范基地等平台的基础上，进一步优化布局，在合作重点区域建设新的合作平台，提升平台条件，更好地发挥技术应用示范作用，带动当地农业发展并辐射影响周边地区。充分发挥中非现代农业技术交流示范和培训联合中心（海南）的作用，重点针对非洲国家现代热带农业发展需求，积极开展热带农业关键技术交流示范和培训，结合 FAO 热带农业研究培训参考中心多边平台，汇聚更多国际资源支撑我国与非洲国家的热带农业技术合作与交流。

三是强化能力建设，培养非洲农业人才队伍。根据非洲国家的需求和农业发展特点，将学员“请进来”和专家“走出去”培训相结合，线上线下相结合，以木薯、玉米、香蕉、腰果、椰子、咖啡、可可、天然橡胶等重要热带作物生产及价值链提升以及精深加工、农机装备、数字农业等热带农业新技术等为主题，举办针对非洲国家热带农业发展的培训班（游雯 等，2018）。针对农业官员、技术人员和小农户等不同类别学员，按需定制培训课程，传授适用技术，展示发展成就，加深跨文化交流；开展对非热带农业多层次人才培养计划，在相关项目支持下，拓展非洲优秀青年科技人员来华开展热带农业领域的合作研究；依托中国政府援外培训和多双边政府合作机制，开展对非的热带农业领域短期来华研修班、海外技术班和学历教育，助力非洲国家热带农业人力资源开发建设通过技术培训和合作研究，加深相互友谊，促进非洲国家热带农业技术人才队伍建设。

四是科技支撑助力企业帮扶非洲。为国内到非洲发展农业生产的企业或非洲本地农业企业提供技术支撑，开发农业项目，发展当地经济，鼓励新品种、新技术的推广应用，提升中国热带农业技术转移的成效，有效加快非洲农业发展进程，为非洲国家生产粮食并供应当地需求。近年来，中国热科院多次派遣专家为中地海外建设集团有限公司、绿色农业西非有限公司、中地国际工程公司刚果（布）分公司、中国路桥工程有限责任公司、中兴通讯股份有限公司、海南农垦集团、广东农垦集团等企业在非洲发展热带农业项目提供技术支撑，利用中国的技术和资金优势建立农业基地，帮助非洲国家增加粮食生产和供应。

五是建立机制共筑中非热带农业科技共同体。继续办好中非热带农业科技合作论坛，围绕中非热带农业科技创新合作、中非热带农业交流合作平台搭建与可持续发展、中非农业农村人力资源开发合作等主题持续深入地开展交流。2018 年，中国热科院牵头举办的首届中非热带农业科技合作论坛得到卢旺达、赞比亚、坦桑尼亚、尼日利亚、喀麦隆、利比里亚、埃塞俄比亚、冈比亚、肯尼亚、多哥、埃及、苏丹、加纳、塞内加尔等国的热烈响应。充分发挥了中非热带农业科技创新联盟的作用，联盟于 2021 年由中国热科院牵头成立，已有 12 家国内科教机构和 13 家非洲科教机构作为成员单位。联盟将紧密联合成员单位围绕热带作物种质资源保护与利用、种质资源遗传改良、绿色生态农业和绿色植保、热带畜牧、小型机械化、农产品加工等共同感兴趣的领域开展合作，通过联合申报执行项目、共同开展技术应用示范和联合举办专题技术研讨交流等各类国际科技合作交流活动，构建对非热带农业技术转移转化新模式，培育中非农业科技合作品牌。

（三）把握热带农业技术合作的要求和趋势

农业技术对非洲农业的发展至关重要（朱月季，2015），非洲和中国都是以小农为基础的农业组织生产方式，这样的农业组织生产方式需要精耕细作的农业技术（高贵现 等，2014）。非洲各国在农业资源禀赋和社会、经济、教育、科技状况等方面各具特点和差异，对农业科技需求也不尽一致，需要清晰识别相关国别农户的生产需求，把握技术传递和应用的规律，以技术培训和实训为主要方式，按需求开展技术援助，确保农业援助技术学得会、用得上、离不开。农业技术援助中传授适用技术是工作基础目标，更高层次的目的是在相关配套政策支持下推动特定产业的发展，进而通过特定产业的发展带动经济社会发展、助力消除饥饿减少贫困。因此，农业技术援助应从产业发展需要来设计，从提升产业效率和竞争力、助推产业发展的目标来统筹。

热带农产品具有资源稀缺性、不可替代性和功能多样性等特征，其市场需求旺盛、产业前景广阔，为世界热带农业生产国家提供了难得的发展机遇，但同时也面临着日益严峻的耕地和水资源安全及生态安全的挑战，面临全球对具有战略作用的热带农产品需求的扩张及多元化需求增长的压力。世界热带农业发展呈现热带农产品生产区域集中化、热作产业发展模式集约化、热作产业技术成果应用普及化、热带农产品精深加工利用产业化和战略性热带农产品争夺激烈化的趋势（刘东 等，2021）。对非热带农业技术合作要进一步聚焦资源节约型和环境友好型的节本增效热带农业技术，建立热带农业绿色生产技术体系，推广应用耕地保育、节水节肥、绿色加工、农机农艺配套等技术，在促进热带农业产能的同时，保护生态环境，实现热带农业生态系统的良性循环和可持续发展。

习近平总书记在2018年中非合作论坛北京峰会开幕式上的讲话指出："非洲发展不可限量，非洲未来充满希望，中非友好合作前景广阔，中非全面战略合作伙伴关系大有可为！"在过去的岁月里，中非同心同向、守望相助，走出去了一条特色鲜明的合作共赢之路。展望未来，我国将始终秉持真实亲诚理念，围绕非洲国家农业发展的特点和需求，充分发挥自身的科技优势，积极与非洲国家合作推进农业现代化发展，携手打造科技共兴的中非命运共同体。

参考文献

安全，2019. 新时代中国与国际社会对非洲农业援助差异性分析及对中国的启示：以埃塞俄比亚为例 [J]. 世界农业（12）：89–95.

本刊编辑部，2020. 发展热带特色高效农业是关乎国计民生的重大课题 [J]. 中国农村科技（302）：3.

崔鹏伟，朱安红，2020. 新时期我国热带农业发展战略研究 [J]. 热带作物学报，41（10）：1949–1953.

高贵现，朱月季，周德翼，2014. 中非农业合作的困境、地位和出路 [J]. 中国软科学（1）：36–42.

李先德，2020. 非洲农业农村发展现状、存在问题及政策取向 [J]. 农业展望（1）：12–18.

刘东，王凯丽，黄艳，2021. 世界主要热带作物产业发展现状与趋势 [J]. 热带农业科学，41（9）：111–116.

刘国道，郑玉，刘奎，2020. 世界热带农业产业与科技 [M]. 北京：中国农业科学技术出版社.

秦路，楼一平，2016. 援非农业技术示范中心：成效、问题和政策建议 [J]. 国际经济合作（8）：49–54.

王金辉，刘奎，游雯，等，2021. 2019 年世界主要热带作物生产国别比较分析 [J]. 中国科技纵横（9）：151–153，155.

徐春春，纪龙，周锡跃，等，2018.“一带一路”背景下的中国大米外交策略［J］. 中国农业资源与区划，39（7）：168-173.

徐继峰，秦路，2011. 中非农业合作的现状、问题和建议［J］. 世界农业（8）：32-36.

佚名，2021. 履行国家承诺 中国热带农业科学院专家逆行非洲［J］. 世界热带农业信息（3）：1.

游雯，刘倩，王金辉，2018. 依托热作优势资源搭建中非农业合作之路：中国热带农业科学院援非工作综述［J］. 紫光阁（10）：66-67.

张慧坚，曾小红，刘晓光，等，2018. 国内外热带作物生产与科技发展研究综述［J］. 农学学报，8（3）：69-77.

张悦，李众，曲春红，2021. 非洲农业现代化发展：现状、挑战与机遇［J］. 中国食物与营养，27（6）：17-22.

赵文，2017. 中国对非洲农业（技术）援助论析：中外比较的视角［D］. 北京：外交学院.

朱月季，2015. 中国对非洲的农业技术援助研究［D］. 武汉：华中农业大学.

朱增勇，陈加齐，李思经，2018. 中非农业科技合作的可持续性研究［J］. 世界农业（9）：11-15.